江苏省文化产业引导资金文化艺术精品项目
江苏省"十三五"重点图书出版规划项目

# 耆那教寺庙建筑

汪永平　芦兴池　著

Jain Temple Architecture

Himalayan Series of Urban and Architectural Culture

# 行走在喜马拉雅的云水间

序

2015年正值南京工业大学建筑学院（原南京建筑工程学院建筑系）成立三十周年，我作为学院的创始人，在10月举办的办学三十周年庆典和学术报告会上，汇报了自己和团队自1999年以来走进西藏、2011年走进印度，围绕喜马拉雅山脉17年以来所做的研究。研究成果的体现，便是这套"喜马拉雅城市与建筑文化遗产丛书"问世。

出版这套丛书（第一辑十五册）是笔者和学生们多年的宿愿。17年来我们未曾间断，前后百余人，30多次进入西藏调研，7次进入印度，3次进入尼泊尔，在喜马拉雅山脉相连的青藏高原、克什米尔谷地、拉达克列城、加德满都谷地都留下了考察的足迹。研究的内容和范围涉及城市和村落、文化景观、宗教建筑、传统民居、建筑材料与技术等与文化遗产相关的领域，完成了50篇硕士学位论文和4篇博士学位论文，填补了国内在喜马拉雅文化遗产保护研究上的空白，并将藏学研究和喜马拉雅学的研究结合起来。研究揭

示了喜马拉雅山脉不仅是我们这一星球上的世界第三极，具有地理坐标和地质学的重要意义，而且在人类的文明发展史和文化史上具有同样重要的价值。

喜马拉雅山脉东西长2 500公里，南北纵深300~400公里，西北在兴都库什山脉和喀喇昆仑山脉交界，东至南迦巴瓦峰雅鲁藏布大拐弯处。在喜马拉雅山脉的南部，位于南亚次大陆的印度主要由三个地理区域组成：北部喜马拉雅山区的高山区、中部的恒河平原以及南部的德干高原。这三个区域也就成为印度文明的大致分野，早期有许多重要的文明发迹于此。中国学者对此有着准确的描述，唐代著名学者道宣（596—667）在《释迦方志》中指出："雪山以南名为中国，坦然平正，冬夏和调，卉木常荣，流霜不降。"其中"雪山"指的便是喜马拉雅山脉，"中国"指的是"中天竺国"，即印度的母亲河恒河中游地区。

季羡林先生把古代世界文化体系分为中国、印度、希腊和伊斯兰四大文化，喜马拉雅地区汇聚了世界上

四大文化的精华。自古以来，喜马拉雅不仅是多民族的地区，也是多宗教的地区，包括了苯教、印度教、佛教、耆那教、伊斯兰教以及锡克教、拜火教。起源于印度的佛教如今在印度的影响力已经不大，但佛教通过传播对印度周边的国家产生了相当大的影响。在中国直接受到的外来文化的影响中，最明显的莫过于以佛教为媒介的印度文化和希腊化的犍陀罗文化。对于这些文化，如不跨越国界加以宏观、大系统考察，即无从正确认识。所以研究喜马拉雅文化是中国东方文化研究达到一定阶段时必然提出的问题。

从东晋时法显游历印度并著书《佛国记》开始，中国人对印度的研究有着清晰的历史脉络，并且世代传承。唐代玄奘求学印度并著书《大唐西域记》；义净著书《大唐西域求法高僧传》和《南海寄归内法传》；明代郑和下西洋，其随从著书《瀛涯胜览》《星槎胜览》《西洋番国志》，对于当时印度国家与城市都有详细真实的描述。进入20世纪后，中国人继续研究印度。

蔡元培在北京大学任校长期间，曾设"印度哲学课"。胡适任校长后，又增设东方语言文学系，最早设立梵文、巴利文专业（50年代又增加印度斯坦语），由季羡林和金克木执教。除了季羡林和金克木，汤用彤也是印度哲学研究的专家。这些学者对《法显传》《大唐西域记》《大唐西域求法高僧传》和《南海寄归内法传》进行校注出版，加入了近代学者科学考察和研究的新内容，在印度哲学、文学、语言文化、历史、地理等领域多有建树。在中国，研究印度建筑的倡始者是著名建筑学家刘敦桢先生，他曾于1959年初率我国文化代表团访问印度，参观了阿旃陀石窟寺等多处佛教遗址。回国后当年招收印度建筑史研究生一人，并亲自讲授印度建筑史课，这在国内还是独一无二的创举。1963年刘敦桢先生66岁，除了完成《中国古代建筑史》书稿的修改，还指导研究生对印度古代建筑进行研究并系统授课，留下了授课笔记和讲稿，并在《刘敦桢文集》中留下《访问印度日记》一文。可惜 1962 年中印关系恶化，以致影响了向印度派遣留学生的计划，随后不久的"十年动乱"，更使这一研究被搁置起来。由于历史的原因，近代中国印度文化研究的专家、学者难以跨越喜马拉雅障碍进入实地调研，把青藏高原的研究和喜马拉雅的研究结合起来。

意大利著名学者朱塞佩·图齐（1894—1984）是西方对于喜马拉雅地区文化探索的先驱。1925—1930 年，他在印度国际大学和加尔各答大学教授意大利语、汉语和藏语；1928—1948 年，图齐八次赴藏地考察，他的前五次（1928、1930、1931、1933、1935）藏地考察均从喜马拉雅山脉的西部，今天克什米尔的斯利那加（前三次）、西姆拉（1933）、阿尔莫拉（1935）动身，沿着河流和山谷东行，即古代的中印佛教传播和商旅之路。他首次发现了拉达克森格藏布河（上游在中国境内叫狮泉河，下游在印度和巴基斯坦叫印度河）河谷的阿契寺、斯必提河谷（印度喜马偕尔邦）的塔波寺（西藏藏佛教后弘期重要寺庙，

两处寺庙已经列入《世界文化遗产名录》），还考察了托林寺、玛朗寺和科迦寺的建筑与壁画，考察的成果便是《梵天佛地》著作的第一、二、三卷。正是这些著作奠定了图齐研究藏族艺术和藏传佛教史的基础。后三次（1937、1939、1948）的藏地考察是从喜马拉雅中部开始，注意力转向卫藏。1925—1954 年，图齐六次调查尼泊尔，拓展了在大喜马拉雅地区的活动，揭开了已湮没的王国和文化的神秘面纱，其中印度和藏地的邂逅是最重要的主题。1955—1978 年，他在巴基斯坦北部的喜马拉雅山麓，古代称之为乌仗那的斯瓦特地区开展考古发掘，期间组织了在阿富汗和伊朗的考古发掘。他的一生学术成果斐然，成为公认的最杰出的藏学家。

图齐的研究不仅涉及佛教，在印度、中国、日本的宗教哲学研究方面也颇有建树。他先后出版了《中国古代哲学史》和《印度哲学史》，真正做到"跨越喜马拉雅、扬帆印度洋"，将中印文化的研究结合起来。

终其一生，他的研究都未离开喜马拉雅山脉和区域文化。继图齐之后，国际上对于喜马拉雅的关注，不仅仅局限于旅游、登山和摄影爱好者，研究成果也未囿于藏传佛教，这一地区的原始宗教文化艺术，包括印度教、耆那教、伊斯兰教甚至苯教都得到发掘。笔者手头上就有近几年收集的英文版喜马拉雅艺术、城市与村落、建筑与环境、民俗文化等多种书籍，其中有专家、学者更提出了"喜马拉雅学"的概念。

长期以来，沿着青藏高原和喜马拉雅旅行（借用藏民的形象语言"转山"）时，笔者产生了一个大胆的想法，将未来中印文化研究的结合点和突破口选择在喜马拉雅区域，建立"喜马拉雅学"，以拓展藏学、印度学、中亚学的研究范围和内容，用跨文化的视野来诠释历史事件、宗教文化、艺术源流，实现中印间的文化交流和互补。"喜马拉雅学"包含了众多学科和领域，如：喜马拉雅地域特征——世界第三极；喜马拉雅文化特征——多元性和原创性；喜马拉雅生态特征——多样性等等。

笔者认为喜马拉雅西部，历史上"罽宾国"（今天的克什米尔地区）的文化现象值得借鉴和研究。喜马拉雅西部地区，历史上的象雄和后来的"阿里三围"，是一个多元文化融合地区，也是西藏与希腊化的犍陀罗文化、克什米尔文化交流的窗口。罽宾国是魏晋南北朝时期对克什米尔谷地及其附近地区的称谓，在《大唐西域记》中被称为"迦湿弥罗"，位于喜马拉雅山的西部，四面高山险峻，地形如卵状。在阿育王时期佛教传入克什米尔谷地，随着西南方犍陀罗佛教的兴盛，克什米尔地区的佛教渐渐达到繁盛点。公元前 1 世纪时，罽宾的佛教已极为兴盛，其重要的标志是迦腻色迦（Kanishka）王在这里举行的第四次结集。4 世纪初，罽宾与葱岭东部的贸易和文化交流日趋频繁，谷地的佛教中心地位愈加显著，许多罽宾高僧翻越葱岭，穿过流沙，往东土弘扬佛法。与此同时，西域和中土的沙门也前往罽宾求经学法，如龟兹国高僧佛图澄不止一次前往罽宾学习，中土则有法显、智猛、法勇、玄奘、悟空等僧人到罽宾求法。

如今中印关系改善，且两国官方与民间的经济、文化合作与交流都更加频繁，两国形成互惠互利、共同发展的朋友关系，印度对外开放旅游业，中国人去印度考察调研不再有任何政治阻碍。更可喜的是，近年我国愈加重视"丝绸之路"文化重建与跨文化交流，提出建设"新丝绸之路经济带"和"21世纪海上丝绸之路"的战略构想。"一带一路"倡议顺应了时代要求和各国加快发展的愿望，提供了一个包容性巨大的发展平台，把快速发展的中国经济同沿线国家的利益结合起来。而位于"一带一路"中的喜马拉雅地区，必将在新的发展机遇中起到中印之间的文化桥梁和经济纽带作用。

最后以一首小诗作为前言的结束：

我们为什么要去喜马拉雅？

因为山就在那里。
我们为什么要去印度？
因为那里是玄奘去过的地方，
那里有玄奘引以为荣耀的大学
——那烂陀。

行走在喜马拉雅的云水间，
不再是我们的梦想。
边走边看，边看边想；
不识雪山真面目，只缘行在此山中。

经历是人生的一种幸福，
事业成就自己的理想。
慧眼看世界，视野更加宽广。
喜马拉雅，
不再是阻隔中印文化的障碍，
她是一带一路的桥梁。

在本套丛书即将出版之际，首先感谢多年来跟随
笔者不辞辛苦进入青藏高原和喜马拉雅区域做调研的
本科生和研究生；感谢国家自然科学基金委的立项资
助；感谢西藏自治区地方政府的支持，尤其是文物部
门与我们的长期业务合作；感谢江苏省文化产业引导
资金的立项资助。最后向东南大学出版社戴丽副社长
和魏晓平编辑致以个人的谢意和敬意，正是她们长期
的不懈坚持和精心编校使得本书能够以一个充满文化
气息的新面目和跨文化的新内容出现在读者面前。


主编汪永平

2016 年 4 月 14 日形成于乌兹别克斯坦首都塔什干
Sunrise Caravan Stay 一家小旅馆庭院的树荫下，正值对撒马
尔罕古城、沙赫里萨布兹古城、布哈拉、希瓦（中亚四处重
要世界文化遗产）考察归来。修改于 2016 年 7 月 13 日南京
家中。

Himalayan
Series of
Urban and Architectural
Culture

耆那教 寺庙建筑
Jain Temple Architecture

# 目 录

CONTENTS

喜马拉雅
城市与建筑文化遗产丛书

导言 1

第一节 历史沿革 1

第二节 自然与社会环境 3

第三节 人种、语言与宗教环境 5

第一章 耆那教信仰 7

第一节 耆那教概况 8

1. 耆那教的起源 8

2. 耆那教的发展 9

3. 耆那教的典籍 12

4. 耆那教的影响 14

第二节 耆那教的万神殿 15

1. 二十四祖师 15

2. 圣人巴胡巴利 17

3. 从婆罗门教、印度教和佛教中吸纳的神祇 18

第三节 耆那教的文化特征 19

1. 耆那教文化的独特性 19

2. 耆那教文化的折中性 21

3. 耆那教文化的适应性 21

第四节 耆那教若干问题浅析 23

1. 耆那教与婆罗门教、印度教和佛教的关系 23

2. 耆那教与印度佛教的异同 25

3. 耆那教发展至今的原因 28

小结 32

第二章 耆那教寺庙建筑概况 33

第一节 耆那教寺庙建筑的起源与发展 34

1. 耆那教寺庙建筑的起源 34

2. 耆那教寺庙建筑的发展 35

第二节 耆那教寺庙建筑的时代特征 38

1. 早期的耆那教寺庙建筑 38

2. 中世纪的耆那教寺庙建筑 43

3. 伊斯兰统治时期的耆那教寺庙建筑 59

4. 殖民时期的耆那教寺庙建筑 62

5.共和国时期的耆那教寺庙建筑　　64

**第三节　耆那教寺庙的建筑与文化特征**　67

1.耆那教寺庙的建筑特征　　67

2.耆那教寺庙的文化特征　　71

**小结**　72


**第三章　耆那教寺庙建筑的选址与布局**　75

**第一节　耆那教寺庙的选址**　76

1.城镇寺庙选址　　76

2.山林寺庙选址　　79

3.宫殿寺庙选址　　82

**第二节　耆那教寺庙的布局**　83

1.点式空间布局　　84

2.线形式布局　　86

3.院落式布局　　90

**小结**　92

**第四章　耆那教寺庙建筑的类型与架构**　95

**第一节　耆那教寺庙的类型**　96

1.锡卡拉式寺庙　　96

2.纪念塔式寺庙　　98

3.巴斯蒂式寺庙　　100

4.贝杜式寺庙　　101

5.瞿布罗式寺庙　　103

**第二节　耆那教寺庙的架构**　104

1.宗教寓意　　105

2.雕塑体系　　107

3.内向空间　　109

4.框架结构　　110

**小结**　112


**第五章　耆那教艺术与其寺庙建筑的细部装饰**　115

**第一节　耆那教艺术**　116

1. 耆那教的雕刻艺术 116
2. 耆那教的绘画艺术 119
**第二节 耆那教寺庙建筑的细部装饰** 122
1. 装饰手法 123
2. 装饰题材 124
3. 装饰部位 127
**小结** 133

**第六章 耆那教建筑精选实例** 135
**第一节 石窟** 137
1. 乌代吉里和肯德吉里石窟 137
2. 瓜廖尔耆那教石刻雕像 159
3. 巴达米石窟群第四窟 164
4. 埃洛拉石窟群第三十二窟 167
5. 埃洛拉石窟群第三十三窟 172
**第二节 耆那教建筑群** 176
1. 克久拉霍东部寺庙建筑群 176

2. 斋沙默尔耆那教寺庙群 180
3. 拉那普尔阿迪那塔庙 196
4. 萨图嘉亚寺庙城 207
**第三节 名誉之塔** 211
**第四节 克久拉霍耆那教博物馆** 214

**结　语** 218
**中英文对照** 220
**图片索引** 225
**参考文献** 234

喜马拉雅
城市与建筑文化遗产丛书

# 导言

　　印度共和国（Republic of India）简称印度（India），是南亚次大陆上影响力和国土面积最大的国家，英联邦成员国之一。印度的国土面积约320万平方公里，为世界第七，东部与孟加拉国、缅甸接壤，南部和斯里兰卡、马尔代夫隔海相望，西部与巴基斯坦和阿富汗相连，北部紧邻尼泊尔、中国和不丹。其国人口至2012年为12.15亿，约占全球总人口的六分之一，是仅次于我国的世界第二人口大国（图0-1）。与我国类似，印度也是一个多民族国家，并有"人种博物馆"的美称。印度在梵语中为Sindhu，是月亮的意思，象征了美好的事物。而印度的古代先民也创造了如皎洁的月亮般光辉灿烂的文明，这个迷人的国度有着悠久的历史和丰富多彩的文化遗产，是著名的世界四大文明古国之一。印度文明交融了东西方文化，广泛深刻地影响了大部分亚洲国家，甚至对中东地区和西方世界都有一定影响。

## 第一节　历史沿革

　　已知最久远的印度文明产生自公元前3 000年至前2 500年左右，学界多以其遗址发现地命名，称为哈拉帕文明。这一原始文明大致与两河流域文明和古埃及文明同时期发展，并在发展至鼎盛时莫名衰落以致完全消失。在其文明盛期，

图0-1　南亚政区图

图0-2　祭司像

农牧业、手工业都已达到很高水平，甚至还发现有车、船等运输工具。从发掘出的遗址来看，其城市建设规整完备，并具备完整的给排水系统。

取代哈拉帕文明的是公元前1 500年至前600年的吠陀文明。该文明由从印度西北部进入恒河流域的雅利安人（Aryan）建立，同时引入了被称为吠陀[1]的新文化体系。随着雅利安人的不断扩张，吠陀文化也与土著居民的原始宗教观相结合，形成了早期的吠陀教，此时雅利安人成为社会顶层的祭司阶层，享有种种特权（图0-2）。吠陀后期，社会经济不

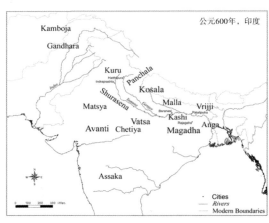

图0-3　古印度十六雄国地域图

断发展，不同部落之间征伐不断，逐渐就形成了众多的奴隶制国家。在各个小国家内部，都出现了阶层划分和森严的种姓制度。公元前600年左右，印度已经形成了不下20个这样的国家，史称列国时代或十六雄国时期。十六雄国是指当时非常强盛的十六个国家（图0-3），它们之间互有征伐。这个时期战乱频繁、社会动乱，底层群众生活艰难。很多人便开始追求精神上的解脱，这时出现了以佛教（Buddism）和耆那教（Jainism）为代表的沙门思潮，他们提倡出世修行，反对婆罗门阶层的特权地位。

在公元前600年至前200年间，波斯和希腊依次入侵印度，并成功征服了广袤的印度西北部地区。这是印度文明与外界文明的首次碰撞，从一定意义上也推动了印度本土大一统帝国的产生。公元前321年，由月护王旃陀罗笈多·无璃（Candragupta）建立了著名的孔雀王朝（Mauya Dynasty），这个强大的帝国统一了整个南亚次大陆，并吸纳、融合了印度不同地区的文化。帝国的第三任统治者阿育王（Asoka）独尊释迦牟尼（ShakyaMuni），佛教在其大力推崇下发展迅速，并传播到南亚次大陆的各个地区。到了公元前184年，在不断的外族侵扰下强盛的

---

1　吠陀一词的意思是知识，又指神圣的宗教知识。中国古代曾将这个词译为"明"或"圣明"。吠陀包括有大量的宗教文献，在很长的时期中由多人口头编撰并且世代口口相传下来。

孔雀王朝终于覆灭，此后的百年间印度次大陆陷于分裂和混乱状态。

公元 320 年，旃陀罗笈多一世建立了自孔雀王朝之后最强盛的统一王朝，史称笈多王朝（Gupta Dynasty），这也是由印度人建立的最后一个大一统政权。笈多时代通常被认为是印度古典文化的黄金时期，彼时社会繁荣、人民安居乐业。旃陀罗笈多二世在位时，中国僧人法显[1]曾到访印度，从他的记载中可以看到此时婆罗门教开始重新兴盛，但已经开始向现代印度教（Hinduism）转型。同时，佛教和耆那教也继续发展，可见统治者持有相当开明的宗教态度。公元 540 年，笈多王朝终结，印度再次陷入多国割据的分裂局面。直至 606 年，戒日王才将印度大部分地区再次统一，称为后笈多王朝，但已不及先前强盛。

7 世纪末，信仰伊斯兰教（Islamism）的阿拉伯人和由中亚进入的白匈奴不断侵袭印度。与此同时，地方政权也开始反对中央统治，在内忧外患下帝国便开始迅速瓦解，印度再一次陷入战乱。伊斯兰教势力真正对印度的征服开始于 11 世纪，中亚的突厥人长驱直入，印度本土的小国家们难以抵挡。直至 1526 年，信仰伊斯兰文化的莫卧儿王朝（Mughal Dynasty）建立并统一了印度的绝大部分地区，终于结束了数个世纪的战乱。

17 世纪，末代皇帝奥朗则布（Orandze Bbu）穷兵黩武，莫卧儿王朝风雨飘摇。葡萄牙、英、法等国趁机染指印度，先后建立了各自的势力。在此消彼长之间，英国人于 19 世纪初开始了对印度的殖民统治。初期，英国统治者尚能尊重印度国民，后期便开始日趋不公。1885 年，为了抵制殖民统治，印度国民大会党成立。1919 年，以圣雄甘地为首的国大党弘扬印度传统文化，发动了轰轰烈烈的非暴力不合作运动，以争取印度自治。第一次世界大战为印度民族主义活动带来了深远的影响，在印度人民的不断斗争下，英国在印度的殖民统治终于完结。1949 年 11 月，印度颁布了印度共和国宪法；次年 1 月，印度共和国正式成立。

## 第二节　自然与社会环境

印度位处北半球，根据其地貌特点可以大致分为三个自然地理区域：北部为山岳地区，绵延的喜马拉雅山脉由西北向东南一直延伸至印度洋；中部为印度河、

---

[1] 法显（334—422），东晋僧人，俗姓龚，后赵平阳郡武阳（今山西临汾）人，卓越的佛教革新人物，中国僧人到达印度游历留学的先驱者，杰出的旅行家和翻译家。

 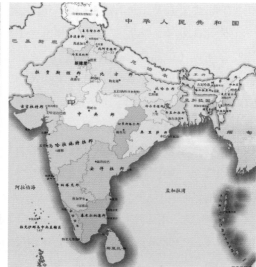

图 0-4　印度地貌图　　　　　　　　　图 0-5　印度行政区划图

恒河平原；南部为德干高原和东西两岸的海岸平原。通常把位于印度次大陆中部东西走向的温迪亚山脉作为南北地区的分界线。其中高原约占国土面积的 1/3，山地约占 25%，平原约占 40%（图 0-4）。总体来讲，印度大部分地区属于热带季风性气候，夏季有强劲的季风，冬季则较为温和。而北部山区多为亚热带大陆性气候，干燥少雨；西北部的塔尔沙漠为热带沙漠气候，干旱炎热；南部位于热带，潮湿多雨。综观印度次大陆全境，其中低矮平缓的地形占国土面积的绝大多数，交通便捷，适宜耕作，自然条件优越。此外，印度全年可分为旱季、雨季和凉季，旱季为每年的 3 月至 5 月，雨季为 6 月到 10 月，凉季为 11 月至次年 2 月。冬季受喜马拉雅山脉影响，不受寒流和冷高压影响 [1]。

　　在印度的行政区域划分中，一级行政区域共有 28 个邦、6 个联邦属地和 1 个首都特区新德里（图 0-5）。每个邦有着各自的语言和习俗，并由当地群众自选官员，而联邦属地和首都新德里（New Delhi）则由联合政府指派官员管理。印度全境有史以来，尽管曾经出现过大一统的孔雀王朝、笈多王朝和莫卧儿王朝，但大多数时候，全国处于小国林立、长期分裂的状态。直至近代殖民统治时期，印度境内仍有百来个大小王国。

---

1　百度百科 [EB/OL]. http://baike.baidu.com/

## 第三节　人种、语言与宗教环境

印度的人种丰富多样，享有"人种博物馆"的美称。其人种划分，众说纷纭，尚无统一细分，但大体上可以分为尼格罗人（Negroids）、原始澳大利亚人（Proto-Austroloids）、地中海人（Mediterraneans）、迪纳拉人（Alpoinarics）以及印度土著人五大种属。印度的这种人种多样化现象是由于历史上不断地受到异族侵袭：雅利安人、波斯人、希腊人、匈奴人、蒙古人、英国人等不断入主印度。外来人种在与土著居民不断融合的同时也引入了各自的文化体系。目前印度境内使用的语言主要属于印欧语、南亚语、汉藏语和德拉维达语。印度仅官方语言就多达 14 种，各邦、各民族的方言总共有 150 多种，是全世界语种最多的国家 [1]。印度全国尚无统一的语言，使用最多的官方语言是印度语，英语是使用较为频繁的第二官方语言，主要应用于政治、商业和学术研究等领域。

印度文化是多民族、多宗教的混合文化，国内宗教派别多种多样，几乎所有国民都信仰某种宗教，宗教氛围浓厚。印度本土的主要宗教为印度教、佛教、耆那教、锡克教、基督教和伊斯兰教。其本土文化与异质文化相互影响，总体呈现出多样统一的特征，且在传统精神上仍具有连贯性和统一性。印度作为世界四大文明古国之一，有着数千年的璀璨历史，印度人民的建筑知识与建筑历史不亚于世界上的任何一个国家。因为全民信教，宗教氛围浓厚，印度建筑在很大程度上建立在各大宗教建筑风格的基础之上。

---

1　邹德侬，戴路.印度现代建筑 [M]. 郑州：河南科学技术出版社，2002.

第一章　眘那教信仰

第一节　眘那教概况

第二节　眘那教的万神殿

第三节　眘那教的文化特征

第四节　眘那教若干问题浅析

## 第一节 耆那教概况

### 1. 耆那教的起源

耆那教（Jainism）是起源于古代印度的一种古老而独具特色的宗教，有其独立的宗教信仰和哲学。关于耆那教的起源有多种说法：有的学者认为其起源比佛教要早，甚至可以从吠陀时期算起，至少与婆罗门教相当；

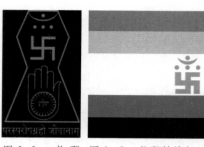

图 1-1 耆那教标识　图 1-2 耆那教旗帜

耆那教团体则认为自己比婆罗门教更有年头，起源自哈拉帕文明时期，是印度最古老的宗教。普遍比较认可的说法是耆那教诞生于公元前 6 世纪，略早于佛教产生的时间（图 1-1）。据传说，耆那教一共有 24 位祖师。而实际上的创始人为一系列祖师中的最后一位：伐尔达摩那（梵文音译为 Vardhamana，现又多译为玛哈维拉 Mahavira，前 599—前 527）。他出生早于佛教的始创人释迦牟尼，并由他在公元前 6 世纪初，将耆那教的思想总结并系统化整合，创立了耆那教的核心教义，

同时以耆那教之名广收门徒，耆那教由此产生。据耆那教历史文献记载，至伐尔达摩那逝世时，其教已经有 52 万多教众，盛极一时[1]。耆那（Jain）是从梵语"Jina"中派生而来，意思是征服者和解放者。而"Jain"也成了伐尔达摩那的称号，耆那教亦因此而得名。他的弟子们尊称他为摩诃毗罗，即伟大的英雄，简称大雄（图 1-2）。佛教经典中也称他为尼犍陀·若提子（意译为离系

图 1-3 耆那教绘画中的大雄形象

---

1　王其钧. 璀璨的宝石——印度美术 [M]. 重庆：重庆出版社，2010.

亲子），他被当做六师外道之一（图1-3）。

耆那教与佛教都诞生于印度的列国时代（公元前6世纪—前4世纪）。在这个时期，印度的奴隶社会已经初步形成，并逐渐形成了婆罗门、刹帝利、吠舍和首陀罗四个种姓阶层。婆罗门为祭司贵族，他们掌握神权，占卜祸福，在社会阶层中地位最高。刹帝利为军事贵族，包括国王和管理国家的各级官吏，掌握着国家的世俗权力。婆罗门和刹帝利是高级种姓，占有社会的大部分财富和资源，是古代印度社会中的统治阶级。吠舍为雅利安人的中下阶层，是社会中的普通劳动者，主要从事农民、手工业者和商人等职业，由他们向国家缴纳赋税并听从高等级种姓的差遣。首陀罗是指那些失去了土地的自由民和在战争中被奴役的士兵，实际上即为整个社会中的奴隶阶层[1]。

当时的婆罗门阶层为了维护自己至高无上的社会地位，极力维护种姓制度，压制、排斥其余种姓。而掌握了世俗权力的刹帝利种姓随着经济、政治和军事力量的增强，实际上成为当时最具实力的种姓，他们对婆罗门阶层的特权地位和宗教垄断日趋不满。与此同时，随着社会经济的发展，吠舍阶层中的大商人掌握着大量财富，经济地位逐渐提高。他们迫切要求在政治和宗教上提高自己的社会地位。在这种错综复杂的社会形势下出现了许多与婆罗门教和它的教义相对立的新宗教和新思想，呈现出了一种百家争鸣的局面，即著名的沙门思潮，而耆那教和佛教就是这一思潮中的佼佼者。

耆那教同佛教一样，反对当时婆罗门教吠陀天启、祭祀万能、婆罗门至上的主张，并与佛教一起，针锋相对地提出了吠陀并非全知全能，而祭祀杀生也只会增加自身的罪恶等思想。耆那教主张种姓平等，反对种姓制度和婆罗门教的特权地位，强调只有苦行和遵守严格的戒律才能最终得到灵魂的解脱。这些思想与佛教思想非常类似，反映了当时印度社会刹帝利阶层的要求和广大中下层人民的迫切诉求，从而吸引了广大信众，这对打破婆罗门教一家独大、排挤压制其余宗派的局面起到了积极的作用。

**2. 耆那教的发展**

耆那教最初主要是在恒河流域布道传教，公元前3世纪时，耆那教和佛教曾受到孔雀王朝阿育王的保护和支持。后来由于北部的摩揭陀地区连续多年干旱，

1 ［美］罗兹·墨菲. 亚洲史[M]. 黄磷，译. 北京：人民出版社，2004.

发生了严重的饥荒。受灾荒所迫的耆那教开始由北向南转移到了西印度和南印度德干高原地区，并向南部腹地继续渗透。公元1世纪左右，由于对教义理解和戒律规定的分歧，耆那教分裂为白衣派和天衣派。在之后的岁月中两派又都多次分裂，白衣派主要分裂为穆尔狄步扎、斯特纳加瓦西和特罗般提三派，天衣派则主要分裂为毗婆般提、达罗那般提和鸠摩那般提三派，而各派之下又各有教派之分[1]。总体来说，白衣派主要活动在印度的古吉拉特邦（Gujarat）和拉贾斯坦邦（Rajasthan）等地区。该派别认为男女都能够获得拯救，修行不需要裸体，主张僧侣穿白袍，允许出家人拥有一定的生活必需品，并允许出家人结婚生子。而天衣派则相对保守，更加注重苦修，歧视妇女，不允许妇女进入寺庙，并要求僧侣重视个人修为，在修行时必须基本裸体，而只有最受尊敬的圣人才可以全裸。天衣派主要活动在北方邦（Uttar Pradesh）和印度的南部地区，为两派中的少数派。两大派别互相不能通婚，不能一起饮食。两大派别中的数个小规模派别相互错杂，分布并不局限于两大派的主要传教地区，但对外都统称为耆那教。如流行于印度南部卡纳塔克邦（Karnataka）的耆那教就不属于天衣派，而是北

图 1-4　耆那教僧侣

方白衣派的分支教派。时至今日，两个派别的教徒都穿着当地的居民服饰，已经没有太大区别。天衣派教徒效仿祖师大雄一丝不挂，云游四方的情景已成为过去，现在外出完全裸体的行为仅有个别圣人仍然为之（图1-4）。

在公元4—8世纪时，耆那教发展迅速，开始在南亚次大陆广泛流行。唐玄奘的《大唐西域记》记载到：在东印度的三摩旦吒，中印度的奔那伐禅、吠舍厘

---

1　王其钧. 璀璨的宝石——印度美术[M].重庆：重庆出版社，2010.

（Vaishali）和南印度的羯陵伽（Kalinga）、达罗毗荼（Dravida）等国都盛行耆那教，不少小王国的君主都是皈依了耆那教的忠实信徒。统一了古吉拉特邦全境的鸠摩波罗（Jiumoboluo）君王还在耆那教著名作家金月的游说下将耆那教定为了国教，其教盛极一时 [1]。

现将部分《大唐西域记》中提及到耆那教的内容抄录如下：

迦毕试国（今阿富汗境内）

"天祠数十所，异道千余人，或露形，或涂灰，连络髑髅，以为冠鬘。"

僧诃补罗国（今位于旁遮普邦境内）

"窣堵坡侧不远，有白衣外道本师悟所求理初说法处，今有封泥，傍建天祠。其徒苦行，昼夜精勤，不遑宁息。本师所说之法，多窃佛经之义，随类设法，拟则轨仪，大者谓苾刍，小者称沙弥，威仪律行，颇同僧法。唯留少发，加之露形，或有所服，白色为异。据斯流别，稍用区分。其天师像，窃类如来，衣服为差，相好无异。"

钵逻耶伽国（今位于北方邦境内）

"诸外道修苦行者，于河中立高柱，日将旦也，便即升之。一手一足，执柱、蹑傍杙；虚悬外申、临空不屈；延颈张目，视日右转，逮乎曛暮，方乃下焉。若此者其徒数十，冀斯勤苦，出离生死，或数十年未尝懈息。"

婆罗疴斯国（今瓦那纳西）

"天祠百余所，外道万余人，并多宗事大自在天，或断发，或椎髻，露形无服，涂身以灰，精勤苦行，求出生死。"

摩揭陀国（下）（今位于比哈尔邦[Bihar]境内）

"毗布罗山上有窣堵坡，昔者如来说法之处。今有露形外道多依此住，修习苦行，夙夜匪懈，自旦至昏，旋转观察。"

珠利耶国（今位于安得拉邦境内）

"天祠数十所，多露形外道也。"

达罗毗荼国（今位于安得拉邦[Andhra]与泰米尔纳德邦[Jamil Nadu]交界处）

"天祠八十余所，多露形外道也。" [2]

---

1　宫静．耆那教的教义、历史与现状[J]．南亚研究，1987（10）：40-44．

2　玄奘．大唐西域记[M]．北京：中华书局，2012．

公元 8—12 世纪，由于受到地区统治者的大力支持，耆那教在印度部分地区得到了快速的发展。如在西印度的拉贾斯坦邦和古吉拉特邦，南印度的卡纳塔克邦等地建造了数量众多、异常精美的耆那教寺庙，使耆那教思想得到了更加广泛的传播[1]。自公元 12 世纪以后，随着伊斯兰教军事力量的入侵，耆那教僧侣被强权者作为异教徒大批屠杀，大部分寺庙被伊斯兰教势力捣毁。这种状况使得耆那教各教派受到了空前的严重破坏，宗教发展也陷于停滞。从这个时期开始与耆那教一同产生、有着相似发展历程的印度佛教逐渐在印度本土消亡，值得庆幸的是耆那教虽然没有能够像佛教那样走出国门，但却在印土顽强地生存了下来。

自 13 世纪起，耆那教逐渐衰落，但在南印度的卡纳塔克邦和泰米尔纳德邦等地仍然有些秘密的宗教活动。自 15 世纪中叶至 18 世纪，耆那教又进行了多次宗教改革。最初是由古吉拉特邦的白衣派所发起，改革以反对偶像崇拜和繁琐的祭祀仪式为宗旨，提倡回归中世纪时的信仰与仪轨。与此同时，南部的天衣派也针对自身进行了改革运动，提出了供奉更多神明和建造更加富丽堂皇的寺庙的主张。在近代启蒙运动的影响下，他们又主张用自由、博爱和人道主义的观点来解释耆那教的古老教义[2]。

由于禁止杀生的戒律，耆那教徒不能从事战士、屠夫、皮匠这些以屠宰为生的职业，甚至由于不能杀死土壤中的昆虫，也不可以从事农业生产，所以耆那教徒大多成为商人和手工艺者。因为他们具有诚实和吃苦耐劳的品质，很多人都非常富有，具有崇高的社会地位。现今耆那教在印度约有 420 万教徒，虽然仍然属于小众宗教，但耆那教徒是印度所有宗教团体中受教育程度最高的。他们建立了耆那教相关组织，并修建了很多庙宇、学校、医疗、社会福利和文化研究机构。今天除了在印度本土外，耆那教在斯里兰卡、阿富汗、巴基斯坦、泰国、不丹等地均有一定的影响。

### 3. 耆那教的典籍

耆那教的传承主要依靠师徒间的口述，缺少文字记载，而且无论白衣派还是天衣派都没有记录自身宗教发展的传统，追溯耆那教发展的重大历史事件大多要依靠其他宗教或他国的历史文献。正是由于这种情况，耆那教流传下来的宗教典

---

1　王树英. 宗教与印度社会 [M]. 北京：人民出版社，2009.
2　官静. 耆那教的教义、历史与现状 [J]. 南亚研究，1987（10）：40-44.

籍并不是很多。此外，大部分
文献都由后人撰写，所用语言
并不统一且版本繁多。有些文
献只使用当地方言记载，连印
度其他地区都不能辨识，更不
用说英文译著了，这增加了具
体考证的难度。这些宗教历史
文献大致可以分为三类：一种
是记载祖师和先贤的言行和传

图 1-5　绘制于 15 世纪的耆那教经文

说；一种是阐述各自派别的教义和教规；另一种是记录各地区各派别的经文和别
用来举行宗教仪式的祷言（图 1-5）。

相传耆那教最古老的典籍为记录祖师言行和部分教义的《十四前》，所著年
代不详，或许与我国的《论语》有些类似，但早已失传。目前保存下来历史最久
最完好的典籍为《十二支》中的《十一支》，称为"安伽"，意为教法的一部分。
据称这部经典完成于 454 年，是在伐拉比举行的耆那教集会中被加以整理、编辑
成册的。它主要以故事、比喻和寓言的形式，记录了大雄和其他祖师的生平事迹，
系统地总结了耆那教的教义、思想和戒律。但对于这套经典，白衣派一口认定其
确为先贤真传，而天衣派却认为这是卑劣的伪造，不承认《十一支》为自己一派
的经典。事实上白衣、天衣两派都各有一套自己的经典和学说。教义上的彼此对立、
各成体系自然不必多说，两派对耆那教的宗教发展和祖师言行也意见纷纭、莫衷
一是。在白衣派和天衣派中各自流传的典籍众多且往往两派之间互不认可。目前
两派都认可的典籍是由乌玛斯伐蒂所著的《真理证得经》及其注释，而这部典籍
也成为今天阐述耆那教义最权威的经典。

其他的耆那教著名论著有：士子贤所著的《六大哲学体系纲要》，西善舍那·迪
伐伽罗所著的《入正理论》，金月所著的《行为论》《他宗三十二颂之鉴评》及
他所著的《文法学》《瑜伽论》《正理论》和《逻辑学》等，丘那落德罗所著的《思
择之光》，摩利舍那所著的《或然论束》，库笪所著的《教义精要》和《五原理精要》，
尼密单罗德所著的《宇宙结构论》等。这些论著都是由耆那教各个分支派别的宗
教大师或学者所著，涉及的内容不单单局限于宗教论述，大多涵盖了社会、文化、

历史、人文、科学和哲学等众多领域 [1]。

## 4. 耆那教的影响

耆那教对印度文化的发展有着非常深远的影响。该教的许多作家、科学家在印度的文学、政治学、数学、逻辑学、占星学、天文学、法学和书籍编纂等方面有着显著的贡献。著名的耆那教作家有西摩旎陀罗、波陀罗巴胡、西达森那、狄瓦克拉、诃离波多罗等。西摩旎陀罗著有词典编辑法、文法、僧人传记和诗学等著作。在语言方面，梵语的学习和使用原先被婆罗门阶层所垄断，他们口述、默记梵语文献中的宗教仪式，不愿意非婆罗门阶层看到和复制这些文献的内容 [2]。耆那教在传教和书写经文中使用的文字包括布拉格利德文、阿巴布林希文和梵文等多种和各地方言，这无疑打破了婆罗门阶层对语言的垄断，有助于文化的传承和语言的推广，特别是对布拉格利德语的推广和普及起了至关重要的作用。如果说梵语是印度语言之母的话，那么布拉格利德语就是现代印度国语、古吉拉特语和马拉提语言的始祖。南方的耆那教僧侣还使用属于达罗毗荼语系四种主要语言中的三种：耿纳尔语、泰卢固语和泰米尔语创作了大批的文学作品，大力推动了南印度语言的发展。耆那教各派别的文学作品一致谴责对人和动物的虐待，讽刺所有杀生祭祀的活动，极力弘扬自身"不杀生""非暴力"的宗教思想，在印度社会和文化史上占有非常重要的地位 [3]。

耆那教对印度艺术和宗教建筑也有显著的贡献，留下了众多精美的绘画和雕刻作品，其寺庙以用材考究、雕刻精美、富丽堂皇著称。神庙多选用当地优质石材或白色大理石建成，而富足的耆那教徒把建造祖师石像、寺庙、纪念塔、石窟庙等视为积德行善之举，终其一生乐此不疲。其寺庙建筑极为精美，堪称印度宗教建筑艺术中的绮丽珍宝。

耆那教的哲学思想在印度哲学史上有着非常重要的地位，产生了很多印度历史上著名的思想家和哲学家。其逻辑理论、知识论和方法论独树一帜，对印度的逻辑辩证等哲学思想的发展起到了很大作用。而"不杀生""非暴力"的传统文化思想也影响了以圣雄甘地为代表的一大批印度本土政治家。此外，耆那教回归

1　孙明良.耆那教[J].世界宗教文化，2000（06）：45-48.

2　[英]迈克尔·伍德.追寻文明的起源[M].刘耀辉，译.杭州：浙江大学出版社，2011.

3　王树英.宗教与印度社会[M].北京：人民出版社，2009.

自然、平等对待世间万物的思想，对现今的环境保护、人与自然和谐共处等理念均具有一定的借鉴意义。瑞秋·卡森在她被环保主义者视为圣经的著作《寂静的春天》中向人们警示了一个可能不再有鸟兽鱼虫生存的世界，这本著作激烈地控诉无节制使用化学产品对自然界的破坏，呼吁人们回归自然合理的生存模式。她的这种设想与古老的耆那教思想又是何其相似！而如今破坏生态平衡的不仅仅是这些由人类制造的化工产品，更是受到利益驱使的人们本身。无知者无畏，那些对自然资源过度开采，对自然环境肆意破坏，对世间一切都无敬畏之心的人也终将为自己鸣响丧钟。或许人们应该重新去认识和学习这种古老的思想，从贪婪的欲望中解放出来，完成人类群体在这个星球上的谦卑"退出"，为他人、子孙后代、其他物种，更为了我们自身留出生存空间。

## 第二节 耆那教的万神殿

### 1. 二十四祖师

耆那教最初是无神论的宗教，随着宗教的发展和受到非雅利安文化的影响，在信徒中逐渐出现了偶像崇拜的现象，偶像的神祇逐渐进入寺庙。但耆那教并不认为自然界存在着类似印度教中的创造神、保护神和破坏神。他们认为世界是物质的，世间万物都是由最基本的微粒构成。被教徒们作为偶像崇拜的主要是耆那教的二十四位祖师和圣人，也可以说他们就是耆那教的神。建于印度各地的耆那教寺庙大多以这二十四个祖师中一位的名字命名，并献给这位祖师，作为后人对他的纪念（表 1-1）。

表 1-1 耆那教二十四祖师名录表

| 序号 | 中文名称 | 英文名称 | 图腾标志 | 颜色 |
|---|---|---|---|---|
| 1 | 阿迪那塔 | Adinatha | 公牛 | 金色 |
| 2 | 阿吉塔那塔 | Ajitanatha | 象 | 金色 |
| 3 | 萨玛巴哈瓦那塔 | Sambhavanatha | 马 | 金色 |
| 4 | 阿布那丹那塔 | Abhinandananatha | 猿 | 金色 |
| 5 | 苏那珺那塔 | Sumatinatha | 鹭 | 金色 |
| 6 | 帕达玛普拉巴哈 | Padmaprabha | 莲花 | 红色 |
| 7 | 苏帕沙瓦纳塔 | Suparshvanatha | 十字 | 金色 |
| 8 | 昌达那塔 | Chandranatha | 月亮 | 白色 |
| 9 | 蒲莎帕丹塔 | Pushpadanta | 海龙 | 白色 |
| 10 | 希塔兰那塔 | Shitalanatha | Shrivatsa（一种神兽） | 金色 |

| 序号 | 中文名称 | 英文名称 | 图腾标志 | 颜色 |
|---|---|---|---|---|
| 11 | 希瑞雅那桑那塔 | Shreyanasanatha | 犀牛 | 金色 |
| 12 | 查图姆卡哈 | Chaturmukha | 水牛 | 红色 |
| 13 | 维玛兰那塔 | Vimalanatha | 野猪 | 金色 |
| 14 | 阿兰塔那塔 | Anantanatha | 鹰或熊 | 金色 |
| 15 | 杜哈玛那塔 | Dharmanatha | 闪电 | 金色 |
| 16 | 珊琪那塔 | Shantinatha | 羚羊或鹿 | 金色 |
| 17 | 琨妮那塔 | Kunthunatha | 山羊 | 金色 |
| 18 | 阿拉那塔 | Aranatha | 鱼 | 金色 |
| 19 | 玛琳那塔 | Mallinatha | 水壶 | 蓝色 |
| 20 | 穆尼苏拉塔 | Munisuvrata | 乌龟 | 黑色 |
| 21 | 拉米那塔 | Naminatha | 蓝莲花 | 金色 |
| 22 | 尼密那塔 | Neminatha | 海螺 | 黑色 |
| 23 | 帕莎瓦那塔 | Parshvanatha | 蛇 | 绿色 |
| 24 | 玛哈维拉 | Mahavira | 狮子 | 金色 |

在列出的二十四祖师中，除了第一祖阿迪那塔、第二十三祖帕莎瓦那塔、第二十四祖玛哈维拉（大雄）是历史人物，其他二十一祖都是传说人物，只见于耆那教的传说故事，历史上是否真有此人无从考据，多为后人杜撰。

第一祖阿迪那塔（意译为牛神）。相传由他注释了《吠陀》咒文、赞歌。在把王位传给太子后便受戒出家并成为祖师，具体年代不详，其祖师地位属于后人追封（图 1-6）。

第二十三祖帕莎瓦那塔（前817—前717）出生在今天印度北方邦的柏纳拉斯。他出身皇族，英勇善战，年轻的时候被喻为神勇的战士。帕莎瓦那塔在30多岁时毅然放弃了衣食无忧的贵族生活，悟道出家并广收门徒。据记载追随他的信徒达50多万人，且绝大多数为女性僧侣。在经过了70多年的苦修之后，帕莎瓦那塔于公元前717年，在今天印度比哈尔邦的桑楣德山涅槃。帕莎瓦那塔在世时一共提出了四个训诫：不杀生、不欺骗、不偷盗、不私财"四戒"，这成为后来耆那教基本教义"五戒"的基础。大雄在此基础上又增加了"不奸淫"一戒，从而形成了完整的"五戒"[1]（图 1-7）。

第二十四祖即为耆那教创始人大雄。伐

图 1-6　阿迪那塔塑像

---

1　杨仁德.耆那教的重要人物[J].南亚研究季刊，1986（07）：84-86.

尔达摩那（前599—前527）出生在古印度距吠舍离45公里的贡得村，父亲是一个小王国的君主。他自幼家庭富裕，生活奢华。大雄婚后育有一女，可是他觉得生活并不幸福。在31岁时，他的父母为求悟道双双自愿饿死，以求领悟最终奥义。为父母料理完

图1-7 帕莎瓦那塔塑像　　图1-8 大雄塑像

后事之后，伐尔达摩那便立志出家苦行，以此寻求命运的解脱。在云游四方的多年间，他曾经数次被当成间谍和盗贼，屡次受到莫须有的侮辱和陷害。颠沛流离多年以后，42岁的大雄终于在婆罗树下大悟得道。大雄得道后，便开始以耆那教的名号组织教团，宣传教义，推行宗教改革活动。他的传教活动也得到了摩揭陀、阿般提等国统治者的大力支持。在长达30多年的传教生活后，伐尔达摩那于公元前527年在巴瓦涅槃、超脱苦海，终年72岁。此时，耆那教已有50多万教徒，势力盛极一时，教徒大部分为刹帝利阶层和吠舍中的大商人。大雄系统化地总结了耆那教的思想，创立了耆那教的核心教义。直至现今，他仍然位于印度著名思想家之列[1]（图1-8）。

### 2. 圣人巴胡巴利

巴胡巴利（Bahubali，意译为大臂力者）（图1-9）是始祖阿迪纳塔的儿子，他臂力过人，性格暴烈。始祖受戒出家后将他的王国和财产分给了他的一百多个儿子。大儿子婆罗多继位后立即寻机残害其他兄弟，从他们手中抢夺土地和财富，最后众多兄弟中只剩下了婆罗多和巴胡巴利。两人最终决定比武较量，胜利者将得到整个王国的土地和财富。在比武中巴胡巴利本可以凭借过人的臂力杀死婆罗多，但因为他不忍心手足相残，在比武的最后关头，暴怒的巴胡巴利一怒之下反手拔掉了自己的头发，恢复了理智，从而放过了婆罗多。随后他放弃了自己的王

---

1 杨仁德.耆那教的重要人物[J].南亚研究季刊，1986（07）：84-86.

国和地位，追随父亲和其他出家的兄弟出世修行去
了。巴胡巴利本性从善，但因为他过于自负和傲慢
的品格始终不能悟得真谛，于是始祖让巴胡巴利的
两个兄弟去点化他，最终巴胡巴利终于得道而获得
了最终的解脱[1]。

巴胡巴利象征了战胜世俗和自我的最完美状
态，成为耆那教著名的圣者形象而备受教徒崇敬。
巴胡巴利也是印度南部地区除了大雄以外最受尊崇
的耆那教先祖。在南印度卡纳塔克邦的卡卡拉，还
供奉着用巨石雕刻而成的巴胡巴利裸身巨像，每
15年在这里举办隆重的宗教仪式，连首都德里的
政要也要莅临。

图 1-9　巴胡巴利塑像

### 3. 从婆罗门教、印度教和佛教中吸纳的神侍

耆那教自身神祇形象单一，真正源自耆那教本身的神祇形象只有二十四祖师、
圣贤巴胡巴利和个别神怪。自公元4世纪笈多王朝之后，耆那教出于宗教发展的
需要开始吸纳婆罗门教中的夜叉形象作为祖师的信使，立于祖师神像两旁，以弥
补自身神祇形象简单枯燥的不足。其后耆那教又逐渐吸纳了更多的婆罗门教神灵，

虽然他们神力不同、等级
各异，但都被视做夜叉。
男夜叉全部称做维贤达拉
神，女夜叉全部称做萨撒
娜神。夜叉种类繁多，而
白衣派和天衣派又各有不
同。

约8世纪后，这些夜
叉中也渐渐出现了一些印
度教中的主要神灵和大神
化身，如梵天（Brahma）、

图 1-10　象头神甘妮莎塑像

图 1-11　富贵女神拉克
希米塑像

---

1　马维光.印度神灵探秘[M].北京：世界知识出版社，2014.

湿婆（Shiva）和毗湿奴（Vishnu）等。众多印度教神灵被耆那教吸纳后不分神级全部成为祖师的侍神或从属的神怪，侍奉在祖师左右。同时，耆那教也崇敬印度教中象征财富、智慧和幸福的象头神甘妮莎（Ganesha，图1-10），象征幸运与富贵的拉克希米（Laksmi）女神（图1-11），祥和天女桑提（Santi）和佛教中的佛陀、侍者、力神等神灵，但他们都是作为祖师的从属神侍。此外，耆那教自身衍生出了以文艺女神萨拉斯帝维（Srutadevi）为首的16名智慧女神，印历每年的11月份部分地区的教徒们会举行盛大的斋戒来庆祝智慧节。

由此可见，源自耆那教自身的神祇并不多，那些在雕刻和绘画作品中出现的大部分神侍都是吸收自婆罗门教（Brahmanism）、印度教和佛教等诸多宗教。然而这种异教影响并不是直接作用的，而是首先通过了自身宗教的改造，是耆那教化了的东西。就算是后期耆那教错综复杂的万神殿，也不是将其他宗教的神祇简单地照搬，而是先将其"降服"，使它们成为祖师的"护法"，再为其设置相对应的神级。这种压制对方、从声势上抬高自己的做法也常见于佛教对印度教的吸纳和改造中。

## 第三节 耆那教的文化特征

### 1. 耆那教文化的独特性

"诸尼乾等如是见，如是说，谓人所受，皆因本作。若其故业，因苦尽行灭，不造新者，则诸业尽。诸业尽已，则得苦尽，则得苦边。"这段摘自《中阿含·尼乾经》中的文字是佛家对耆那教宗教思想的部分见解，由此也可以看出耆那教这一古老的宗教有着系统的宗教思想和文化上的独特性。

耆那教认为世间万物都是由"命"（Jiva，或者解释为灵魂）和"非命"（Ajiva，非灵魂）构成。命分为两种：一种为能动，即受到周围物质的束缚；一种为不动，即不再受到周围物质的束缚，这就是所谓的获得了解脱的灵魂，是自由的、永恒的，也是教徒们刻苦修行的终极目标。对于非命也分为两类：一种称做定形，它由原子和原子的复合物构成，这种称为原子的微粒是无始无终、不能分割的。原子的复合物形态各异，可以被继续分割，并由它们构成了我们周围的世界；另一种称做非定形，它包括空间、时间、法和非法，空间和时间是原子与原子复合物运动和变化的场所，法为运动的条件，非法为静止的条件。另外，耆那教是信仰万物有灵论的，这应该是源自于先民时期的古老信仰。耆那教徒认为世间万物都是存在灵魂的，人不能伤害任何生物，即使是卑微的蝼蚁，也是值得敬畏的[1]。

就人而言，如何获得解脱，达到自由、永恒的"非命"状态则主要受到"业"的影响，这种关于因果业报的论述则与佛教如出一辙。耆那教认为"业"是一种看不到的物质，它吸附在人的灵魂上，阻碍了最终的解脱。大雄曾经解释说，世间万物的生灵都是束缚在业中，而业就是善良行为或邪恶行为的积累。受到业的影响，人们逐渐沉迷于物质财富，产生了使用暴力的欲望，变得贪婪、易怒、善妒，而这些行为也导致了业的继续积累。

耆那教把业视做灵魂的束缚，达到最终解脱的最大障碍，因此就必须使用积极和消极两方面的方法来克制人的种种欲望。正确引导就是积极的方法，即耆那教中的"三宝"即：正信（Samyak-jnana）、正智（Samyak-darshana）和正行（Samyak-charitra），就是要求教徒对耆那教的典籍和戒律有坚定的信仰和正确的认识，并以此来指引日常的生活。而消极的办法就是确立严格的教规，教徒必须受戒，即为"五戒"：不杀生（Ahimsa），即不能伤害任何生物；不欺诳（Satya），即不能说谎话欺骗他人且不能恶言中伤他人；不偷盗（Asteya），即不能拿由不正当途径获得的东西；不奸淫（Brahmacharya），即不能沉迷于肉欲；不私财（Aparigraha），即不能沉溺于俗世的物质享受。耆那教要求教徒严格遵守这五条戒律，认为只有通过坚持苦修和禁欲主义才能战胜自我，得到最终的灵魂解脱，以达到绝对自由和超脱轮回的境界[2]。

在印度的诸多宗教之中，耆那教的苦修受戒行为和极端的不杀生理念都是最为突出的。耆那教把严格的苦修作为得到灵魂解脱的手段，其修行往往非常极端，有些教徒甚至通过神圣的绝食，自愿饿死而达解脱。耆那教的不杀生理念更加到了无与伦比的地步，伤害最卑微的生命就是罪恶，就连出现杀生的想法都是罪大恶极。部分教派的教徒因为不能伤害土壤中的昆虫甚至不能从事农业生产，如今更有甚者为了不伤害空气中的微小生物而终日戴着口罩。其他宗教教派或有与其类似的相关理念，如印度教中的苦行和佛教中的不杀生观念，但就程度而言都不能与其相提并论。

---

1，2　巫白慧.耆那教的逻辑思想[J].南亚研究，1984（07）：01-11.

### 2. 耆那教文化的折中性

耆那教的哲学思想是古代印度的辩证思想之一，其主要的哲学理论为"非一端论"，即认为事物的本身存在着矛盾，但对矛盾的双方，既不肯定或者否定矛盾的一方，亦不肯定或者否定矛盾的另一方。而在某种特殊条件下，可以肯定或者否定矛盾的一方，而在另一种特殊条件下，又可以肯定或者否定矛盾的另一方。简单来说就是同一事物在某种特定条件下可能是对的，而在另外一种特定条件下就可能是错的，在第三种条件下可能是既对又不对的，而在第四种条件下又是不能说明的。这是一种处于唯心和唯物之间的类似折中主义的骑墙哲学，包含着若干辩证法的思想，但也夹杂了调和论、诡辩论和怀疑论的成分。

而在教义和宗教思想方面，耆那教与佛教有着很多相似之处。如耆那教与佛教都否定婆罗门教经典，反对祭司阶层的特权地位，反对祭祀杀生，都相信因果轮回，强调不杀生和非暴力，主张通过自身的修行达到灵魂的解脱。耆佛两教的创立者身世相似，生活在同一个时代，酝酿了相似的宗教思想也是情理之中，而在之后的岁月中也都受到了伊斯兰教势力的排挤与迫害。因此耆那教与佛教被印度学者喻为"同一棵大树上的两根树枝"和"同一枚金币的正反两面"。但和佛教彻底与印度教决裂不同的是耆那教始终和印度教有着千丝万缕的联系。耆那教虽然反对部分印度教思想，却又对其保持着相当程度的容忍，两者并不互相排斥，在印度很多古城都有耆那教与印度教并存，两教寺庙相安无事、共同繁荣的景象。而信仰耆那教的人也被印度教认为是其第三种姓，可以与印度教徒互相通婚。

从某种角度看，也可以认为耆那教折中了印度教和佛教思想，是一种介于两者之间的宗教。在印度的历史上无论印度教和佛教都曾得到过大一统王朝的大力支持，甚至被确定为国教，而耆那教却没有这种待遇，即使在最辉煌时耆那教也只得到一些小王国君主的支持。耆那教在印度本就是一种相对小众的宗教，也只有折中两者才能使自己发展下去。

### 3. 耆那教文化的适应性

在印度与佛教大起大落的发展相比，耆那教的发展显得更为平稳，尽管教派数次分裂，并曾受到异教徒的迫害，但耆那教从未在印度消亡。耆那教能够历经千辛万难生存下来并逐渐发展，是因为它有着非常强的环境适应性。

　　首先，耆那教在一定程度上能够和其他宗教信仰互相交流，并取其精华去其糟粕，表现出一种宗教上的多元性。这种"相对多元性"的原则是由耆那教的非一端论哲学思想所决定的。耆那教认为客观现实只有在主体全知全能的状态下才可以被完全正确地解读，但普通大众只拥有局限的知识和认识，所以任何一种认识都只是对客观现实的狭隘表述。从不同的角度看待同一个事物必然会得到不同的结论，因此智者必须首先理解各种不同的观点，在此之后才能得到相对正确的认识。大雄曾经讲过一个著名的故事：当一个人站在一栋楼的中间那层楼时，对在楼上的人而言，这个人是在楼下，而对在楼下的人而言，这个人却是在楼上。所以，楼上的人说这个人在楼下，楼下的人说这个人在楼上都是对的，因为他们的角度不一样[1]。而最早出自佛经，著名的盲人摸象的故事说的也是这个道理，每个人都只是触摸到大象的一部分，就确认自己感受到的就是完整的大象，由于这种偏执的认知便产生了无谓的争执。由此可见，事实往往由于各人不同的角度而被给予不同的解释。相对多元性要求把各种不同的认识甚至相互矛盾的观点统筹成一个整体来看待，而且要能够看到任何人的长处和优点，尊重他人，和谐共生。

　　因此耆那教在宣扬自身信仰的同时很尊重其他的宗教信仰，并相互交融。耆那教对待其他宗教的态度并不是激进的，而是先客观全面地了解它们，与其他宗教互融性强。比如耆那教与印度教保持着千丝万缕的联系，虽然名义上耆那教也反对印度教的种种宗教思想，但实际上它并不激进地排斥印度教。在伊斯兰教势力的压迫下耆那教甚至刻意模糊与印度教的区别，依附于比自己强大得多的印度教以求荫蔽。许多印度教节日也同样是耆那教节日，两派教徒在各自庙宇中的宗教活动可能有所不同，但是大众化的庆典仪式却常常是相同的。与此同时，印度教也受到了耆那教一定的影响。婆罗门教推崇祭祀，本就是一种杀生的宗教，而后来在作为其继承者和改良派的印度教中却盛行素食文化。这种现象很可能就是受到耆那教和佛教"不杀生"思想的影响[2]。再如佛教中僧人的坐禅姿势很可能也受到了耆那教的影响。耆那教僧人因为裸体修行，往往使用双腿盘坐、双手叠于小腹处的修行姿势，以此遮羞，专注修行。而佛教僧人并没有裸体的要求，大可不必发展出这种出于遮盖私处的打坐姿势。佛教的出家修行也确实受到过耆那教

1　郑殿臣.东方神话传说：佛教、耆那教与斯里兰卡、尼泊尔神话传说（第五卷）[M].北京：北京大学出版社，1999.

2　杨仁德.耆那教若干问题浅探[J].四川大学学报，1986（08）：45-49.

的影响，只是不如其戒律森严和虐待自身罢了。这些事实不仅反映了耆那教信仰的包容与坦然，更表现了耆那教与其他宗教流派之间的交融和共生。

另外，耆那教僧人令人震惊的苦修和忍耐力往往让他们能够克服各种艰难困苦。极致的苦修训练出了非同寻常的坚定意志，使信徒们不但能够摆脱各种世俗生活的享乐，而且能够淡然地面对任何痛苦和挫折。再有，耆那教相比其他宗教非常低调，很少有万人空巷的传教活动，更没有人流涌动的集会。这种耐得住寂寞的坚守让耆那教始终拥有一种不争的气度，这也是耆那教的一种特殊气质。在宗教林立的古代印度，耆那教能够得以生存并持续发展，本身就已经完美地诠释了"耆那"征服和胜利的含义。而无与伦比的适应性更是耆那教最为独特之处。

## 第四节　耆那教若干问题浅析

### 1. 耆那教与婆罗门教、印度教和佛教的关系

古印度文明孕育于广袤的南亚次大陆。这片大陆北抵巍峨耸立的喜马拉雅山脉，西、南、东三面环海。印度河、恒河和布拉马普特拉河湍急的河水默默地浸润着这片富饶的土地，每年的西南季风则带来充沛的降水。古代的南亚次大陆地理环境可谓优越，生活生产没有太大困难，易于人类生存。生活的安逸富足使人们倾向于对精神文化生活提出更高的要求，于是在这片神奇的土地上多样的宗教便应运而生，并且产生了广泛而深远的影响。

自公元前 2 400 年至前 1 700 年的印度河文明时期开始，一直到公元前 1 500 至前 600 年的吠陀时代，古代先民们对世界是否存在全知全能的神明，一个人是否存在灵魂，如何达到个人的精神解脱，应该节欲还是纵欲等诸多问题进行了广泛的思考和争辩。到公元前 1 500 年左右，雅利安人入侵印度河流域，与当地的土著文化相结合，并于公元前 1 200 年至前 1 000 年间创立了多神崇拜的婆罗门教。从当时逐渐成形的万物有灵论、湿婆崇拜、性力崇拜和古老的吠陀经崇拜中发展出了众多的宗教信仰和教派。在这些思想和流派中由婆罗门祭司主导的婆罗门教逐渐取得了统治地位，婆罗门教也成了印度最早的较为系统的、发展比较完备的宗教。"婆罗门"源自梵语"波拉乎曼"，本意是祈祷，因而在宗教活动中进行祈祷的祭司通常被称为婆罗门。这些祭司不允许旁人学习梵语，在社会生活中掌控了文化和宗教的垄断权，处于社会阶层的最顶端。他们将所有人分为婆罗门、

刹帝利、吠舍和首陀罗这四个种姓，并极力维护种姓制度，宣称这是神的意志。各个种姓不能通婚、社会地位不可变更。

到了公元前6世纪左右，为了打破婆罗门阶层的特权地位，刹帝利阶层联合低等的吠舍和首陀罗种姓掀起了反对婆罗门特权的沙门思潮，而耆那教和佛教就是这一思潮的产物。随着耆那教和佛教针对婆罗门教展开的长期辩论和斗争，4世纪以后婆罗门教开始逐渐衰落，耆佛两教也日趋成熟，渐成气候。8世纪以后，以吠陀文化为基础的婆罗门教开始进行宗教改革，婆罗门教吸收了耆那教和佛教中一些关于"不杀生""非暴力"的宗教思想，并放下身段融合、合并了当时众多中小型宗教团体，形成了现在印度的主体宗教——印度教。对于耆那教和佛教，通常被认为是对吠陀文化和婆罗门教的改革，是印度传统思想的产物，是来自印度内部、为了满足印度教信仰不同阶段的特殊需要而出现的改良运动[1]。

其中佛教对婆罗门教和其继承者印度教的斗争一度影响很大，并在这个过程中逐步发展、辉煌一时。公元前3世纪左右，由于得到了孔雀王朝最伟大君主阿育王（Asoka，前273—前232）的大力支持，佛教发展盛极一时。佛教向北传播至中亚、东亚，向南则弘扬至斯里兰卡和东南亚。但就算是在那个时候，佛教也没有成为真正意义上的国教。那是一个百花齐放、百家争鸣的时代，多种信仰并存，比如阿育王在四处弘扬佛教的同时也非常尊崇耆那教并给予其大力支持，只是那时耆那教的僧侣们还十分崇尚行走布道和在深山中修行，没有也不愿登上世人瞩目的舞台。即便是在佛教鼎盛的时期，婆罗门教也一直处于主导地位，少数信奉婆罗门教的王国常常发生对佛教徒的攻讦和迫害事件。等到8世纪以后印度教逐渐成形，各个地区的国王为了巩固自身统治纷纷独尊讲究种姓等级的印度教，只是此时世俗的国王已经取代了祭司阶层成为真正的统治者。此消彼长，这时佛教势力又开始逐步衰弱，一度收缩至印度东北部地区，而留在东南亚的佛教上部座派系则继续发展下来，并在当地逐渐取代了印度教。晚期的佛教和印度教国家为了控制贸易通道，经常以宗教矛盾引发地区间的冲突和小规模战争，失去了最初的纯正性[2]。诚然，经济基础本就决定了一个宗教的产生、发展和传播，而商贸和经济利益也与这些小国家的生存和繁荣息息相关，出于经济利益和巩固统治的

1　[印]A.L.巴沙姆.印度文化史[M].闵光沛，等，译.北京：商务印书馆，1999.

2　[印]尼赫鲁.印度的发现[M].齐文，译.北京：世界知识出版社，1956.

需要，当权者们会举起宗教的旗帜进行武力征服与和平扩张。13 世纪之后，由于来自印度外部伊斯兰教势力的强势侵入，佛教在外忧内患下在印度本土基本消亡。相比于佛教，耆那教由于其调和中庸的处世态度和极其和平的非暴力思想，虽然教派势力和影响都远不及佛教，但却在漫长的历史发展中生存了下来并有所发展。耆那教并不像佛教那样极力排斥印度教，虽然名义上也反对印度教的诸多宗教理念，却始终保持着和印度教若丝若缕的关联。在伊斯兰教势力的压迫下，甚至刻意模糊彼此间的区别、依附于势力庞大的印度教，才能最终生存下来。因此，在印度有时耆那教也被看做印度教的一个分支派别。此外，信仰耆那教的人大多生活富裕，具有一定社会地位，更有富甲一方的富商团体鼎力支持，在少数地区耆那教团甚至富可敌国。因此，地区统治者们即使不信奉耆那教也会对其保持相当程度的容忍，不会去排斥打压它。

综上所述，对于这四种源自印度本土较为系统的古老宗教，最古老的宗教当属婆罗门教，其次为耆那教和稍晚产生的佛教，最后出现的是在婆罗门教衰败后作为其改良的印度教。印度教以吠陀文化为根基，吸纳了耆那教和佛教的部分教义，融合了众多中小型教派，是印度的正统宗教。耆佛两教作为婆罗门教的改革者，推动了婆罗门教的自身发展和改良，是印度传统文化思想不可分割的一部分。佛教最终走出国门，发展为一个世界性的宗教，但在印度本土却已经消亡；而耆那教却由于其强大的生命力和适应性在印度错综复杂的宗教环境中生存了下来并发展至今。

### 2. 耆那教与印度佛教的异同

耆那教与佛教几乎同时代产生，有着相同的时代背景和相似的发展经历。佛教最终与基督教、伊斯兰教并列，发展为一个世界性的宗教，但在印度本土却大起大落，以致归于消亡。耆那教虽不及佛教风光，在漫长的岁月中始终没有走出国门，但在印度本土众多宗教分立的格局中却生存下来、延续至今，并逐渐扩大影响。耆那教与印度佛教有着诸多的相似之处和些许差异，而国内外相关著作中凡谈及佛教多不可避免地涉及耆那教相关内容，因此本书专辟章节来探究耆佛两教的异同之处。

追溯到创教之初，耆那教创始人大雄和佛教创始人释迦牟尼都出自刹帝利阶层，有着相似的身份背景和成长经历。释迦牟尼于菩提树下悟道的故事已经广为人知，而与之类似大雄则是在婆罗树下大悟得道。或许，在他们的有生之年甚至都见过彼此，曾促膝长谈，这也并非没有可能。

在宗教信仰方面，两教的教义与主张有着非常相似的地方。两者都始于对婆罗门阶层至高无上社会地位的强烈不满，反对当时婆罗门教提出的吠陀天启、祭祀万能、婆罗门至上的三大纲领。《吠陀经》是婆罗门教的圣经，被其视为约束一切的最高法则，而耆那教与佛教都宣扬世间本无神明，反对偶像崇拜，宣扬只有个人体验和逻辑判断才是最为重要的，世间并不存在所谓的通行法则。但后来我们看到，随着宗教发展耆佛两教的偶像神祇又都进入了各自寺庙并被顶礼膜拜。这种情况或许有悖最初的思想和意愿，但这也是出于大环境的影响下对宗教发展的需要。另外，对于婆罗门教以活物举行牺牲祭祀的行为两教都激烈反对，耆佛两教都认为祭祀并非万能，只有通过个人修行才能获得最终解脱，而以活物作为祭品的行为本就是一种罪行，会积累恶"业"阻碍最终的解脱。两教都反对杀生和一切形式的暴力，被时人称为是"不杀生"的宗教。

此外，耆那教与佛教都开创了一种现世充满苦难、追求宿命解脱的宗教思想。宣扬生死轮回、因果报应，一个人积累了什么样的"业"就会受到相对应的报应，积善行德就荫蔽来世，作恶多端则永沉苦海。而对于个人如何才能脱俗出世、摆脱轮回，即最终灵魂解脱的方法，两教提出了相似的解决方式，即摒弃尘世、离俗出家、静思坐禅和苦行受戒，提倡只有刻苦修行才能大悟得道。在宗教思想方面，耆那教有"正信（坚定的信仰）""正智（合理的认识）"和"正行（规范的言行）"三宝，相应的佛教则有"佛（释迦牟尼）""法（佛经）""僧（僧侣）"三宝，两者用于阐述的术语相同；在教派构成方面，耆那教又分为天衣和白衣两派，佛教则有大乘和小乘之分，两教发展相似。耆那教与佛教在各自的发展进程中也都受到过印度教和伊斯兰教的压迫，是印度历史上仅有的两个反对过婆罗门教的宗教。

正因为耆那教与佛教有着如此多的相似点，所以常被印度的学者比喻成"同一根树枝上的两个分叉"，而在相似之中两者又有着些许不同，因而又常被喻为"同一枚金币的正反两面"[1]。首先，佛教与作为婆罗门教继承者的印度教完全分离，独立发展，曾轰轰烈烈地反对过印度教。历史上受到过极权统治者的大力支持和

---

1 杨仁德.耆那教若干问题浅探[J]. 四川大学学报，1986（08）：45-49.

弘扬，并最终走出国门发展成为一个世界性的宗教；耆那教与印度教则始终保持着如丝如缕的联系，并未完全分离，甚至也被人当做印度教的分支。宗教发展上不如佛教受到如此礼遇，仅在部分地区短暂地被确立为国教，信仰群体多是从商的吠舍阶层，因此一直局限于印度国内，只是到了近代才逐渐被国外所认知。

其次，耆那教推崇禁欲主义。为了达到灵魂解脱、永脱苦海的境界，耆那教极端苛求苦行和受戒，对身体和精神的锤炼近乎残酷。耆那教要求信仰者体验饥饿、忍耐身体上的痛苦，甚至赞颂通过神圣的斋戒而自愿饿死。举个简单的例子来说，耆那教僧侣出家需要亲自动手拔掉自己的头发；而佛教徒只需走个仪式，使用剃刀剃度。相比之下佛教的仪轨和戒律显得温和很多，佛教徒们也认为过度的苦行只会折磨身体，并不能帮助修行，只要遵守戒规、积德行善便可领悟真理，获得最终解脱。

最后，耆佛两教虽然都是崇尚非暴力的宗教，但程度却有大为不同。佛教讲究慈悲为怀，只要一心向善便无太大偏差。而耆那教的不杀生观念则达到了无以复加的地步，其僧侣不可以从事任何伤害其他生命的职业，不可以使用皮革制品，不可以踩伤路边的花草和昆虫，因为防止误吞飞虫所以不能在暗处进食，甚至都不能出现伤害其他生命的念头，否则都被视为极大的恶行。这些看似极端的行为都出自对其教义的深刻推演，这是因为耆那教徒崇信"因果轮回"：每个人都是灵魂不灭的，一个人由于今世所积累"业"的不同，下一世就可能转世成人类、野兽、昆虫甚至花草。而伤害这些哪怕最卑贱的生物，都可能是伤害了你的先祖或因为肉身死亡而转世的家人[1]。正是基于这种极端的生活和伦理观念，才造成了耆那教极端的和平主义和对万事万物的敬畏。由此可见，无论在个人修行或是在宗教思想方面，耆那教都比佛教更为极端（表1-2）。

表1-2 耆那教与印度佛教对比汇总表

| | 耆那教 | 印度佛教 |
|---|---|---|
| 创始人 | 伐尔达摩那 | 释迦牟尼 |
| 创始人称号 | 大雄 | 佛陀 |
| 创始人生卒年 | 公元前599—前527年（享年72岁） | 公元前563—前483年 （享年80岁） |
| 创始人阶层 | 刹帝利 | 刹帝利 |
| 创始人悟道处 | 娑罗树下 | 菩提树下 |

1 Natubhai Shah. Jainism: The World of Conquerors [M]. Brighton and Portland: Sussex Academic Press, 1998.

| | 耆那教 | 印度佛教 |
|---|---|---|
| 宗教规模 | 相对较小 | 仅次于印度教 |
| 发展历程 | 总体稳定 | 大起大落 |
| 派别 | 白衣派，天衣派 | 大乘，小乘 |
| 偶像神祇 | 二十四祖师，贤者巴胡巴利 | 佛陀（代指过去佛、现在佛、未来佛等诸多佛陀） |
| 宗教特点 | 非暴力，不杀生 | 非暴力，不杀生 |
| 最终目标 | 灵魂解脱 | 灵魂解脱 |
| 达成方法 | 苦行，受戒（极端） | 修行，守戒（温和） |
| 三宝 | 正信，正智，正行 | 佛，法，僧 |
| 五戒 | 不杀生，不欺诳，不偷盗，不奸淫，不私财 | 不杀生，不欺诳，不偷盗，不奸淫，不饮酒 |
| 主要语言 | 布拉格利德文 | 巴厘文 |
| 重要经典 | 《十二支》 | 《三藏经》 |

### 3. 耆那教发展至今的原因

耆那教是印度诸多宗教派别中一种颇具传奇色彩的宗教信仰。首先，耆那教有着悠久的历史，公认的产生时间为公元前 6 世纪，比佛教的出现还要早些。而它的某些宗教思想很可能源自古印度文明，比如耆那教认为世间万物均有灵魂，任何一个生命无论多么渺小都应该被敬畏，这种思想显然属于万物有灵论的范畴。雅利安文明本身是一个外来文明，讲究阶层划分、贵贱有别，并没有类似的思想，而万物有灵论则可以追溯到雅利安人到来前的印度河文明时期（前 2 400—前 1 700）。所以印度也有很多学者认为耆那教的起源极早，至少该与婆罗门教相当。当然这只是一家之言，总之耆那教是一个相当古老的宗教。其次，耆那教虽然有着源远流长的历史，却是一个规模非常小的宗教。据印度官方公布的 2001 年度人口普查数据显示，信仰耆那教的人口约有 423 万，只占印度总人口的 0.4%，而同时期印度教信徒的人数则要占到总人口的 82%，其宗教势力对比显而易见。然而就是这样一个看起来薄弱到一触即溃的小派别宗教，却有着异乎寻常的生命力，在漫长的岁月

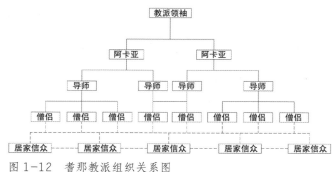

图 1-12　耆那教派组织关系图

中不仅经受住了印度教的冲击，还承受了伊斯兰教的打压，一路坎坷却屹立不倒。对于耆那教这样一支势力不大的宗教能够在印度稳步发展并延续至今，其原因大致可以归为以下三点。

其一，运作良好的组织体系。

由于耆那教僧侣们常年在各地间行走布道，为了方便教团的管理就逐渐产生了一种紧密高效的组织体系。耆那教内部组织严密，有着多种等级划分。每个大的部派都有一个教派领袖，作为其派别的最高精神导师。领袖从他周围选取最具才智和潜能的人任命为宗教指导，通常被称做"阿卡亚"。领袖之下可以有多名阿卡亚，他们地位相当，直接受领袖领导。之后，再由阿卡亚们选取各自的助手，任命为导师，由导师们直接管理普通僧侣的宗教教育，传教活动和日常生活。处于这个组织体系最下层的僧侣即苦行僧们主要负责联系和发展居家信众。

僧侣们被称为"耶帝"，即努力者的意思[1]。僧侣必须严格遵守教义和戒律，但居家信众并不被强行要求，只是在大体的形式方面不杀生，不偷盗，不淫邪，以自律来取代刻苦的修行，但同时也强调他们能通过在教义框架下的自律和对教派的施舍来取得功德。由此便组成了一个组织严密、行之有效的宗教团体。在每年的大部分时间里，僧侣们都由领袖带队游走各地，宣扬教义。但到了雨季，即印度的7—11月，他们为了避免踩踏雨季时大量出现的昆虫，往往停止外出布道，由教派领袖组织在各地寺庙进行宗教活动，这时也成为僧侣与居家信众们联系的最好时间。居家信众们与僧侣之间往往保持着良好的私人关系，并听从他们的建议，他们视僧侣们为人生导师，只要得知熟识的僧侣来到了自己的城镇都会前去拜访。僧侣们在教派领袖的授意下常常鼓励信众捐赠，而多为富商的耆那教信徒非常乐意如此，他们往往满怀热情地为寺庙增砖添瓦、捐款捐物。这些事无巨细地记录在一些寺庙考古发掘出的碑文中，小至商贩提供给教团的食品大至王公贵族捐赠的金银，均一视同仁、细致记载。

正是由于有了严密的组织体系，使教派紧密地团结在宗教领袖周围，耆那教才能在民间扎根并逐渐发展，这是与其几乎同时期发展的佛教所没能做到的。略显清高的佛教后期逐渐脱离普通大众，使其在印度逐渐消亡，而与信众联系紧密的耆那教却最终生存了下来。在教团内大家各司其职、联系紧密，遇到危急时刻

---

1　[英]查尔斯·埃利奥特.印度教与佛教史纲[M].李荣熙，译.北京：商务印书馆，1991.

才能坦然度过，与居家信众的良好关系使得教派能够经得起大风大浪的考验。

其二，富足信众对教派的大力支持。

耆那教出于极端非暴力的宗教思想，教徒不能从事战士、屠夫、皮匠等以暴力伤害生命的职业。包括居家信众在内的耆那教徒大多数从事商业和手工业生产，他们拥有诚实和吃苦耐劳的品质，因此很多人都非常富有。另外，耆那教徒是印度各个宗教中文化水平最高的，据印度官方 2001 年度的统计数据显示，耆那教中可以熟练读写的信徒占信徒总人数的比例高居榜首，为 94.1%，同期印度教徒为 65.1%，佛教为 72.7%，伊斯兰教只为 59.1%。经济富足和文化水平较高决定了耆那教徒在印度社会中往往享有很高的社会地位，这间接地提高了耆那教的社会威望，支持了教派的发展。富有而虔诚的信众在日常生活中非常尊重自己的教派，平日里的布施捐献自然不必多说，在教派遇到新建寺庙、修缮屋舍或重大事件时更会慷慨解囊、鼎力相助。绝大多数的耆那教寺庙是由富有的居家信众们筹款新建的，甚至有以家族和个人名义捐建的整座寺庙。印度著名的商业豪门桑迪达斯家族和沃及家族都是虔诚的耆那教徒。莫卧儿王朝时期的巴克什大帝曾向桑迪达斯家族筹款来镇压叛乱，以残暴著称的奥朗则布皇帝也对他们恭敬有加；而沃及家族则位列当时世界最富有者的行列，他们支持了英国在印度西部地区的贸易。

此外，耆那教规定居家信众必须贡献出其收入的 6%~33%，这些财产由教团统一管理并用于教派发展和慈善事业，教徒们往往非常乐意如此并把捐献视为无上荣耀[1]。正是因为有了稳定的经济来源，新建和修缮寺庙才会相对容易，有时教团甚至还会帮助修缮一些被毁坏的印度教神庙。耆那教的社会慈善事业是印度所有宗教中做得最好的。在遇到饥荒和灾害时，教派都会在寺庙等相关设施中对灾民布施，平时也建有医疗设施为社区居民提供免费的医疗服务。1988 年古吉拉特邦发生了非常严重的干旱，当地的耆那教团创办了超过 60% 的慈善救助机构，而当地的耆那教徒人数才占到总人口的 2% 左右[2]。

耆那教有着坚实的经济基础，并有积极从事慈善事业的传统，这让教团在千百年间的风风雨雨中安然度过了很多危机。由于其雄厚的财力，许多穆斯林统治者也都对耆那教十分敬重，乐善好施的慈善行为更让教派在民间得到了广泛的

1　Natubhai Shah. Jainism:The World of Conquerors [M]. Brighton and Portland: Sussex Academic Press，1998.

2　许静.印度耆那教发展的原因探析[J].贵州师范大学学报，2013（10）：41-45.

尊重。这些都帮助耆那教巩固了自身地位，扩大了教派影响，并赋予其极大的宗教魅力，使其稳步发展。

其三，严格的教义和不争的态度。

耆那教苛刻而严格的教义使其在印度诸多宗教中独树一帜，而这套精细完整的教义从大雄时代开始就被教徒们一直坚守、延续至今。自古以来，耆那教修行者们的最高理想就是摆脱命运轮回，获得无拘无束、全知全能的最佳状态。为此，教义对僧侣的日常生活做了极为细致的规定。比如规定僧侣在行走布道时不可以使用任何代步工具，从一个城镇到达下一个城镇只能通过步行；平日的饮食不沾荤腥，只摄取维持体能的少量素食；平时生活中不可以唱歌、跳舞、大声喧哗，应该时刻保持安静，除了休息和布道，其余时间都用来冥想和参悟教义。诸如此类都有许多精细的规定，并且渗透到僧侣生活的方方面面。此外，在修行时必须摒弃杂念，克制各种本能和欲望，以达到一种纯洁无我的精神状态[1]。对待并没有出家的居家信众，也有相应的种种规定，但没有僧侣严格。居家信众也被要求遵守包括"五戒"在内的基本教义，日常生活中要尊重僧侣，背诵经文，一心向善，乐于助人。克己苦行、无私仁爱的耆那教教义自始至终一脉相承，不管外界沧海桑田，耆那教教义仍然保持着自己的原始本质和核心信仰，这使其发展异常稳固。

严苛的教义和近乎残酷的苦行使僧侣们无论在身体上还是精神上都有着超乎常人的耐受力，面对种种艰难困苦也能够坦然面对，逐渐形成了一种无欲无求的优良品质。耆那教本身表现出一种与世无争的超然态度，这使得教派的发展有着极佳的柔韧性。耆那教的宗教活动十分低调，不像印度教和佛教那样轰轰烈烈、引人注目，僧侣和居家信众的联系更像友人间的私交。此外，耆那教使用各地方言来书写经文和传教，并不坚持一定要使用梵文，这就争取了更广泛的传播范围和深厚的民间基础。同时，在与印度教的碰撞中耆那教表现得十分柔和，不似佛教那样极力抵制，这在其后对待伊斯兰教的态度上也是一致的，都采取一种相互融合、和谐共生的处世态度。不争，故不能与之争。也正是由于这种低调的坚守才使得耆那教历经风雨一直能够处于一种不败的境地。

---

1　许静.印度耆那教发展的原因探析[J].贵州师范大学学报，2013（10）：41-45.

## 小结

耆那教是印度发展稳定且历史悠久的宗教流派，纵观其发展历程，虽历经重重磨难但始终一脉传承，彰显了它强大的生命力和适应性。耆那教与佛教在同一时代背景下产生，起源于对婆罗门思想的修正和改良，在其后的漫长岁月中逐步壮大并曾广泛流行于整个印度次大陆。后由于自身教派的分裂，过于严苛的戒律和伊斯兰教势力的迫害，耆那教曾一度衰弱。虽然教徒时多时少、宗教发展屡经挫折，但耆那教至今屹立不倒，并有逐渐兴盛的趋势，这在印度历史上实属罕见。与基督教、伊斯兰教等有明确神灵崇拜的宗教不同，耆那教是无神论的宗教，认为世界是物质的且历史的发展并不由所谓神而推动。被教徒们作为偶像崇拜的主要是耆那教的 24 位祖师和圣人，据称其教共有 24 位祖师。实际创始人为大雄，并由他将耆那教的思想总结并系统化，创立了被称为"三宝""五戒"的核心教义和非一端论等哲学思想。

在漫长岁月的发展中，耆那教对印度文化的发展有着非常深远的影响，对艺术和宗教建筑有着显著的贡献，留下了众多精美的绘画和雕刻作品。耆那教的哲学思想在印度哲学史上有着重要地位，其不杀生、非暴力的传统文化思想影响了以圣雄甘地为代表的一大批印度本土政治家。

耆那教在印度能够稳步发展得益于严密高效的组织体系，富裕教徒给予教派的鼎力支持和细致严格的戒律和教义。耆那教徒多信念坚定、为人坦然、乐于慈善，受到社会大众的尊敬，耆那教团体往往拥有很高的社会地位。耆那教具有很强的独特性，同时尊重其他宗教信仰，并能相互借鉴、和谐共生，有着无与伦比的适应性和生命力。这些特点必将在其宗教文化载体，耆那教寺庙建筑中体现出来。

# 第二章　耆那教寺庙建筑概况

第一节　耆那教寺庙建筑的起源与发展

第二节　耆那教寺庙建筑的时代特征

第三节　耆那教寺庙的建筑与文化特征

## 第一节　耆那教寺庙建筑的起源与发展

### 1.耆那教寺庙建筑的起源

耆那教与佛教都孕育自公元前 6 世纪至前 5 世纪的沙门思潮。那时的印度正处于列国时期，各地纷起的战争与对抗开始冲击更早时形成的价值观和制度。代表旧势力的婆罗门阶层固守婆罗门至上、祭祀万能、吠陀天启三大原则；而代表新兴势力的沙门思潮则要求打破婆罗门阶层在宗教、文化、思想、政治等方面的垄断地位。人们不断提出新的宗教和哲学以期恢复社会秩序，或者通过静思冥想、神秘主义和其他超脱出世的手段来逃避世间的纷争。在这种社会背景下，耆那教思想应运而生。

耆那教徒们讲求苦行修身，通过放弃现世的享乐出家受戒，严格遵守教义和戒律来达到超脱出世、全知全能的理想状态。所以早期的耆那教并没有营建永久性的宗教场所和建筑设施，相反，他们还劝说人们主动放弃房屋、财富和世俗生活去深山中修行。创建了耆那教的大雄也曾衣不遮体，云游乞食于西孟加拉地区。

到了公元前 3 世纪，印度绝大部分地区都进入了大一统的孔雀王朝时期。王朝最伟大的统治者是开国皇帝之孙，被称为"无忧王"的阿育王。阿育王把佛教定位国教，并同时鼓励耆那教的发展。考古发掘出的石柱上记载有铭文"善见王（即阿育王的尊称）即位十三年，赠此窟与阿什斐伽（即后来的耆那教天衣派前身）"。在其即位 28 年所立的石柱上刻有铭文"善见王已命理教专吏，敬视僧伽（即佛教徒），并及婆罗门，尼健陀（即大雄一派），阿什斐伽，实及其他出家各宗"[1]。这个时期的耆那教寺庙建筑主要为建在山林深处的石窟寺和提供给僧侣休息的棚舍（图2-1）。

图 2-1　耆那教石窟寺

阿育王之后，孔雀王朝日渐衰弱。这片孕

---

1　汤用彤.印度哲学史略 [M].上海：上海古籍出版社，2005.

育了各种宗教文明的土地再次陷入群雄割据的乱世，直至 3 世纪才又出现了大一统的笈多王朝。笈多时期被认为是印度古典文化的巅峰，期间宗教、文学、艺术、哲学、科学全面繁荣，百家争鸣。笈多时期融合了外来文化和自身的传统文化，被称为古典艺术的黄金时期。在笈多时代产生了一大批宗教艺术精品，在建筑形制、雕刻式样、绘画风格等方面形成了完整的审美标准和创作规范，并开始使用加工过的石材来建造寺庙，开创了印度古代宗教建筑的新纪元。但因为印度的王朝并不注重修史立书，外界了解这段历史主要是通过中国僧人法显的游记。法显于 5 世纪初到达印度，以求取佛教真经，在游历各地的 6 年中他详细地记录了当时的所见所闻，描绘了一个富饶而拥有灿烂文明的国度。其中法显还特别提到很多地方都建有由私人捐助的帮穷人免费看病的医院，虽然无法确定这是不是由耆那教徒所建，但以其宗教思想推测这却有可能。自有史以来多有其教徒捐建医院的记载，甚至在今天都有由耆那教徒所建的为动物免费看病的医院。关于耆那教寺庙的起源与发展记载不详，然而从这些零散记载中也可想见，从公元前 3 世纪至公元 6 世纪前后，耆那教宗教建筑应该已有一定发展。从孔雀王朝至笈多时代的这段古典时期可以看做耆那教寺庙建筑的萌芽期。

### 2. 耆那教寺庙建筑的发展

6 世纪中叶，笈多王朝由于受到白匈奴的入侵而崩溃。印度再次形成了由地方王国各治的局面。这些游牧民族并没能建立起一个统一的帝国，在政治混乱了一段时期之后于 7 世纪初由本土势力再次实现统一，即为戒日王（Siladitya）时期。戒日王同阿育王一样，也支持佛教和耆那教的发展。在此期间玄奘来到了印度，写下了著名的《大唐西域记》。从前文摘录自《大唐西域记》的部分记载中我们可以看出，当时的耆那教发展已经具备了一定规模，而各地也都有大量所谓"天祠"的宗教建筑。据《佛学大词典》记载，"天祠"译自梵语"Devakula"，是大自在天等天部诸神之所的意思，为一种源自印度教的敬神场所。由于现今的考古发掘尚未发现此时期大型的耆那教寺庙建筑，可见玄奘所提到的"天祠"很可能只是一种临时性的简单宗教设施或者是一些小型的寺庙。总之，至 7 世纪耆那教寺庙建筑已经粗具规模，并有了很大的发展。

7 世纪初，在伊斯兰教崛起并横扫中东和北非时，印度并不在他们的征伐范围之内，但印度的富足早已被阿拉伯人所垂涎 [1]。8世纪，随着印度河下游的信德邦（Sindh）被阿拉伯军队攻占，标志着漫长混战的中世纪拉开了帷幕。此后这片富饶的土地便饱受异族蹂躏，直至1526年才建立了大一统的伊斯兰莫卧儿王朝。数百年的战乱刺激了各个地区不同的文化发展与互相交融。

8世纪前后，耆那教在古吉拉特邦、拉贾斯坦邦和部分印度南部地区由于得到地方统治者的支持而快速地发展起来。由于僧侣们常年行走在外，一边乞讨，一边布道，需要有地方作为停留和休息的场所，于是便有当地信众出资为他们建造耆那教寺庙和僧舍等各种辅助设施，以便僧侣们停歇并讲授宗教知识。最初耆那教寺庙主要模仿印度教神庙的建筑形式，或是直接占用印度教废弃的寺庙，只是两者所供奉的偶像不同而已。前者以建于奥西昂（Osian）的玛哈维拉庙（Mahavira Temple）为典型代表，而直接利用废弃的印度教寺庙的例子则有建于亨贝的哈玛库塔庙（Hemakuta Temple）。随后伴随着宗教的发展，耆那教寺庙日渐发展出适应自身宗教理念的建筑形式，如以连续小圣龛作为围廊的院落空间和四面开门的圣室形式。南印度地区因为未受战乱影响，一直独立发展，与北地少有联系。从8—12世纪是耆那教寺庙建筑发展的黄金时期，在古吉拉特邦和拉贾斯坦邦地区形成了众多信仰耆那教的小王国，由王室倾全国之力建造了许多闻名于世的寺庙建筑，如建于拉贾斯坦邦的阿布山迪尔瓦拉寺庙群（Delwara Temples，图2-2）。

至13世纪时，随着突厥人在德里建立了伊斯兰苏丹国，伊斯兰教势力逐渐登上政治舞台。在大城市里穆斯林为了维持自己的宗教地位，残酷镇压一切异教，

图2-2　迪尔瓦拉寺庙群

图2-3　拉那普尔的阿迪那塔庙

---

1　[美]罗兹·墨菲.亚洲史[M].黄磷，译.北京：人民出版社，2004.

肆意驱逐和屠杀印度教、佛教、耆那教僧侣，并拆毁他们的寺庙来建设清真寺。在伊斯兰统治势力不断扩张的时期，大城市的寺庙建设几乎停止，新的寺庙被迫建造在非伊斯兰统治区或被破坏可能性很小的边远地区，建造规模远不如前。但也遗留了一批以拉那普尔（Ranakpur）的阿迪那塔庙（Adinatha Temple，图2-3）、萨图嘉亚寺庙城（Satrunjaya Temple City，图2-4）为代表的著名寺庙建筑。等到形成了大一统的伊斯兰王朝，对待其他宗教的态度开始有所缓和。统治者意识到杀尽占印度总人口大多数的印度教徒显然是不实际的，便在强令其缴纳异教徒税的基础上给予其一定的宗教自由，这时耆那教便依附于印度教继续发展，而遗憾的是佛教未能做到。这个时期的耆那教寺庙不可避免地融合了伊斯兰建筑风格，如位于中央邦（Madhya）的索娜吉瑞寺庙城。

18世纪后，印度成为英国的殖民地。寺庙不再有被穆斯林摧毁的威胁，僧侣的人身安全也得到保证。于是，耆那教开始慢慢恢复生机，在重要城市不断出现新建的寺庙。这段时期寺庙的风格主要有两种：一种为古典复兴式，工匠们从过去的寺庙中获取灵感，并结合了新的技术和工艺。如艾哈曼德巴德（Ahmedabad）的杜哈玛那塔庙（Dhamanatha Temple，图2-5）。另一种为折中主义风格，主要集中在受西方影响比较多的沿海商业城市，如建于加尔各答（Calcutta）的希塔兰那塔庙（Shitalanatha Temple）。1950年，随着民族独立，印度进入了共和国时代。在印度许多地区建有新的耆那教寺庙，或大或小，风格不一。虽然没有中世纪时的寺庙精致华丽，但无论布局形式还是建筑造型，这些寺庙都比过去更加自由，且尚未形成固定模式。

图2-4　萨图嘉亚寺庙城

图2-5　杜哈玛那塔庙

## 第二节　耆那教寺庙建筑的时代特征

### 1. 早期的耆那教寺庙建筑

作为一个相对较小的宗教，早期的耆那教寺庙建筑发展比较缓慢，相比于印度教和佛教建筑要逊色很多。公元前 3 世纪孔雀王朝的建立至公元 7 世纪末笈多时代的终结这段时间可以算做耆那教寺庙建筑发展的早期。因耆那教提倡苦行，僧侣多结成队伍，四处云游乞讨或在深山修行，且教派尚未得到统治者的倾力资助。所以早期的耆那教并不具备建造大型寺庙的条件，也没有这种需要。就现存的寺庙建筑、考古发掘和相关文献来看，在 7 世纪末以前都没有建在地面的大型耆那教寺庙，其寺庙建筑主要为开凿在山间的石窟寺。

石窟寺是依山凿出的寺庙和修行地，最早由出家的僧人建造。这些虔诚的僧侣为了寻求真理和最终解脱，放弃了世俗生活而前往深山中修行。对于当时的他们而言，在山岩上开凿石窟比在山间营造寺庙要容易很多，所以早期石窟寺颇为盛行。最初僧侣们往往使用天然石窟作为修行场所，后由于技术水平的提高和宗教活动的需要，开始在山体上开凿大型石窟寺。最早在公元前 2 世纪就开凿有耆那教石窟，并多和印度教或佛教石窟建在一处。石窟形式与前者类似而规模稍小，主要为用于宗教活动的支提窟和僧人修行的精舍窟两种。

（1）居那加德石窟寺

居那加德石窟寺（Junagadh Caves），开凿于 2—4 世纪。居那加德（Junagadh）位于西印度古吉拉特邦的西部，辖内的吉尔纳尔山脊（Girnar）为耆那教和印度教共同的著名圣地[1]。

石窟寺共有三个主要石窟，全部位于居那加德城堡内，一处为耆那教石窟，其余两处都

图 2-6　居那加德耆那教石窟寺

---

1　Takeo Kamiya.Architecture of the Indian Subcontitent [M]. Tokyo: Toto Shuppan Press, 1996.

为佛教石窟。其中耆那教石窟最为古老，2世纪建成，在以后的两个世纪内又逐步建成了两座佛教石窟。它们形式都很简单，只是在岩壁上凿出简单的柱厅，约有5米进深，室内并不宽敞。窟内没有偶像的雕刻，有些洞壁上雕了些简单的纹理，除此以外，再无其他。由此推测这些都是早期僧侣们用于修行的精舍窟（图2-6）。

（2）埃洛拉石窟群

埃洛拉石窟群（Ellora Caves）为世界文化遗产，建于4—11世纪，在遮娄其王朝至罗湿陀罗拘陀王朝时期逐步加建而成。埃洛拉石窟群坐落于印度中部马哈拉施特拉邦（Maharashtra）的重要城市奥兰加巴德西北约30公里处。石窟群坐东朝西，南北绵亘约2公里，34座石窟依次排布在萨雅迪利山的陡峭岩壁上。共有12座佛教石窟、17座印度教石窟和5座耆那教石窟，其中佛教与耆那教石窟为早期建造，印度教石窟建造时期稍晚。

从最南端算起，第一至十二窟是佛教石窟，有用于宗教活动的支提窟和僧侣修行的精舍窟两种形式，其中第十窟为支提窟，其余都是精舍窟。其中最著名的是第十窟。石窟两壁都有从山体上直接雕出的4米高石柱，柱顶之间雕出横梁，梁中央雕有持花侍女像。窟内的窣堵坡约8米高，直径约4米，四周都雕有精美的佛像。

中部的第十三至第二十九窟为印度教石窟，主要供奉湿婆和毗湿奴。其中第十六窟又是整个埃洛拉石窟群中最让人惊叹的一座，又被称做"凯拉撒神庙"（Kailasa Temple，图2-7）。这座壮丽而神奇的建筑始建于8世纪，奇特的是，它并不是在山体上凿出的洞窟，而是把一整块巨石雕凿成了一座神庙的样式，相传是由古印度拉什特拉库塔公国的克利希那一世为纪念战争胜利，发动7 000多名劳力，前后耗时150多年才最终完成。凯拉撒神庙代表了印度岩凿神庙的最高水平。

图2-7　印度教第十六窟凯拉撒神庙

图2-8　耆那教第三十窟

位于石窟群北端的第三十窟至三十四窟为耆那教石窟。其中第三十和第三十一窟建成较晚，第三十窟是一座岩凿式寺庙，为晚期仿照"凯拉撒神庙"而建，但在规模上不及前者（图2-8）。第三十二至第三十四窟为早期修建的石窟（图2-9）。早期的耆那教石窟仿照佛教石窟形式而建，但规模上不及前者。虽然体量上相对较小，但它们的室内装饰确是最精致华丽的。石窟内多雕刻有祖师像，表达耆那教刻苦修行、战胜自我的苦修精神，门廊内的洞壁上还绘有壁画（图2-10）。

第三十二窟规模最大，雕刻最为精致。在石窟寺前有一院落，院子中央是一座从山体上雕出的圣坛。圣坛四面对称，上有一体雕出的石顶，坛内四面供奉有大雄雕像，寓意大雄向四面八方宣讲教义（图2-11）。这种形式的圣坛是典型的耆那教样式，10世纪以后，在位于

图2-9a　耆那教第三十二至三十四窟外景

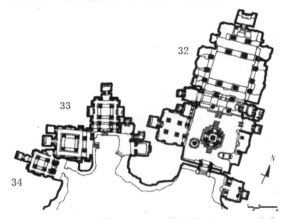

图2-9b　耆那教第三十二至三十四窟平面图

图2-9c　耆那教第三十二窟剖面图

西印度地区的寺庙中非常流行，但位置已经移到寺庙圣室的中央。石窟寺为方形平面，在有双层列柱的大殿内，供奉有一尊高达17米、坐在莲花台上的大雄雕像。而二层的石柱与一层风格不同，一层多为方柱且无太多雕刻，显得较为朴实；二层石柱多有八角形抹角并遍布雕刻，远比一层华丽，由此笔者推测二者可能于不同时代雕刻而成。

图2-10 耆那教第三十四窟中的祖师雕刻　　图2-11 耆那教第三十二窟中的圣坛

三种宗教在这里汇聚，同放异彩、和谐共生。各自的僧侣和朝圣者们互不影响，埃洛拉石窟群成为一处香火不断的著名宗教圣地。这种开明自由的宗教态度在现今似乎已经不复存在了，但宏伟壮丽的石窟寺却作为文化遗产和艺术宝库留存了下来，其复杂的建筑技巧和精美的古代艺术让人赞叹不已。

（3）巴达米石窟群

巴达米石窟群（Badami Caves），开凿于6世纪，位于印度南部卡纳塔克邦（Karnataka）的小镇巴达米。6—8世纪时巴达米曾经作为卡纳塔克邦的首府。巴达米石窟群共有4个石窟，依次在一座砂岩山丘上凿出，前3个石窟为印度教石窟寺，最后一处为耆那教石窟寺（图2-12）。4处石窟寺的形式很简单，都由最外部的门廊、中部的柱厅和最后的密室组成，

图2-12 巴达米石窟群

均为一层。其中门廊两端雕有表现神灵或偶像的大型雕刻，进入柱厅，石柱上大多遍布雕刻，位于石窟寺最深处的密室内供奉有各自的偶像。3处印度教石窟寺是南印度最早的印度教石窟，其中前2处供奉湿婆大神，而规模最大的第三窟则献给了毗湿奴（图2-13）。

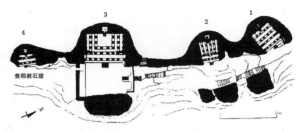

图2-13　巴达米石窟群平面图

耆那教石窟寺与前3处石窟寺相比规模最小，形式模仿印度教石窟，但相较而言却更为细致精巧（图2-14）。室内墙壁上、石柱上多雕刻绵密的植物纹理，

图2-14　巴达米石窟群耆那教石窟外景

以弥补人物形象单一的不足。窟内雕刻的偶像都是裸体的祖师和先贤，雕刻形式较为刻板，只有立像和坐像两种：立像巍然矗立，上手下垂，目视远方，双手双腿都缠满藤蔓；坐像则为双手叠于小腹处的打坐姿势。耆那教石窟相比于人物雕刻繁多、热闹欢快的印度教石窟，多了一种神秘庄重的宗教色彩（图2-15）。

由此可见，虽然耆那教反对印度教的某些教义，但事实上他们彼此都持相对宽容的态度。各自的僧侣们平时都生活在一处，大家各拜各神，相安无事并不互相排斥。这也体现了耆那教的折中性和适应性。

由以上实例可以看出，从孔雀王朝至笈多时代是耆那教寺庙建筑发展的萌芽期。寺庙形式多为仿照印度教和佛教石窟建筑而建的石窟寺，虽然尚未形成自身形制，但已粗具规模。耆那教偶像雕刻比较单一，一般只有坐像和立像两种形式且人物表现雷同，不如印度教和佛教神像丰富多彩。在这些石窟寺中已经出现了完整的祖师石刻，这些雕刻形象在千百年中从未改变，一直延续至今。而更加难能可贵的是，一些石窟中已经出现了耆那教寺庙特有形式的早期萌芽，如在埃洛拉石窟群第三十二窟中有四面开敞式的圣坛。再有，耆那教寺庙重视细部装饰，擅于创造豪华室内空间的特色也在这时显现出来，如在巴达米石窟群中耆那教石窟是最为精致华丽的。总而言之，这段时间是耆那教艺术勃兴的萌芽期。耆那教寺庙在印度教和佛教宗教建筑的基础上，对自身的寺庙建筑形式进行了探索，

图 2-15a　耆那教石窟门廊　图 2-15b　耆那教石窟内的祖师雕刻

形成了耆那教寺庙建筑的雏形，并确立了自身的发展方向，为中世纪耆那教寺庙建筑发展的黄金时代奠定了基础[1]。

### 2. 中世纪的耆那教寺庙建筑

对于印度中世纪的划分有多种观点，主要有从 8 世纪初阿拉伯军队的入侵至 13 世纪突厥人在德里建立伊斯兰国和从 8 世纪初至 1526 年建立莫卧儿帝国两种。因在 13 世纪时伊斯兰统治势力尚在扩张和推进，德里苏丹国并没有统一印度大部分领土，而信仰耆那教的主要地区在莫卧儿王朝前并没有被伊斯兰统治者征服，在其寺庙建筑上未体现出明显的伊斯兰建筑风格影响，所以本书即以著名学者罗兹·墨菲编写的《亚洲史》中的观点进行划分，将从 8 世纪初至 1526 年莫卧儿帝国的建立作为印度的中世纪，这段时期是耆那教寺庙建筑建设的黄金时期[2]。

8—12 世纪，耆那教得到了拉贾斯坦邦和古吉拉特邦许多小王国的大力支持，在有些王国甚至被确立为国教。而在未受到战乱影响的南印度地区，教派仍然有条不紊地继续发展。由于得到地区统治者的赞助，这些地区的耆那教势力开始快

---

1　[意]玛瑞里娅·阿巴尼斯.古印度——从起源至 13 世纪[M].刘青，张洁，陈西帆，等，译.北京：中国水利水电出版社，2005.

2　[美]罗兹·墨菲.亚洲史[M].黄磷，译.北京：人民出版社，2004.

速发展，大量精美华丽的耆那教寺庙如雨后春笋般涌现出来。初期建造的寺庙主要模仿印度教神庙建筑，后期则逐步形成了自己的特有形式。从 13 世纪开始，随着伊斯兰势力的持续扩张，耆那教发展逐渐衰弱，由穆斯林控制的大城市不再兴建大型耆那教寺庙。在伊斯兰统治区，统治者对一切异教信仰者施行高压政策，如不变更信仰则被驱逐或残忍屠杀。统治区内的异教寺庙被悉数毁坏，或拆毁后作为建造伊斯兰清真寺的材料。13—16 世纪初，耆那教寺庙主要集中在未被伊斯兰统治者征服的王国和位于边远地区的耆那教圣地。在未被伊斯兰统治者征服的王国仍建有少量精美的寺庙，这些寺庙达到了极高的建筑水平，如拉那普尔的阿迪纳塔庙；而在位于深山的圣地则出现了寺庙城这一让人震惊的建筑奇观，如成百上千座寺庙集中建于一地的萨图嘉亚寺庙城。

（1）玛哈维拉庙

奥西昂（Osian）是拉贾斯坦邦西部地区的一座古城，位于焦特布尔（Jodhpur）西南约 60 公里，这座边远的小城以建于一座小山上的众多古代寺庙而闻名。从 8 世纪开始这儿就逐渐建造了一批印度教和耆那教寺庙，早先建造的是印度教神庙，耆那教寺庙模仿印度教神庙而建，因而建成时期稍晚一些。在 11 世纪时，奥西昂寺庙群的发展达到顶峰，当时这里共建有 12 座印度教和耆那教寺庙，后屡经战火，多数寺庙遭到毁坏，现只余 4 座。

玛哈维拉庙（Mahavira Temple）是奥西昂耆那教寺庙中最大的一座，建于 8—11 世纪，并献给第二十四代祖师即大雄，音译为玛哈维拉（Mahavira）。寺庙曾毁于战火，后又多次重建。这座耆那教寺庙仿照奥西昂的印度教寺庙形式建造，建筑风格上为早期的北部地区印度教神庙风格。寺庙由圣室和一个开敞式的柱厅组成，圣室顶部建有高耸的锡卡拉（Sikhara）塔顶。早期的耆那教寺庙较为古朴，并没有太多华丽的雕刻，柱厅内的石柱和天花上只有一些简单的线脚和祖师浮雕。在建成时寺庙的锡卡拉屋顶与邻近的印度教神庙一模一样，现在所看到的是毁坏后重建的样式（图 2-16）。

（2）哈玛库塔庙

亨贝（Hampi）古城是位于南印度卡纳塔克邦的一处世界文化遗产。古城是 14—16 世纪时曾经统治了整个南印度地区的印度教王国维查耶纳加尔帝国的首都。亨贝古城原本位于栋格珀德拉河南岸，是在一块原本只有岩石的荒地上人为建立起来的庞大城市，后来由于伊斯兰教势力的入侵和破坏，现在已经成为一片

图 2-16a　奥西昂的印度教神庙

图 2-16b　玛哈维拉庙

废墟。古城面积为 26 平方公里，有 40 多处印度教寺院的历史遗址散布其中，它们是古城最主要的古迹。这些历史遗址和周围荒凉的巨型岩石群融合在一起，使得亨贝古城充满了不同寻常的魅力。

哈玛库塔庙（Hemakuta Temple）是位于古城边缘的一座小型耆那教寺庙遗迹。寺庙最先

图 2-17　哈玛库塔庙

是印度教徒供奉湿婆的希瓦神庙，后来逐渐荒废，耆那教教徒就将神庙重新改造，雕刻上了耆那教祖师的浮雕，将其作为他们自己的寺庙。这座寺庙的建造年代约在 10 世纪左右，是耆那教早期直接使用废弃的印度教神庙作为自身寺庙的典型实例。寺庙为早期的南印度地区印度教神庙风格，平面布局上由 3 个方形柱厅组成，每个柱厅顶部都建有高耸的尖顶。寺庙内的墙壁、立柱和天花上都较为朴实，没有什么雕刻，原先的耆那教教徒们也只是在柱厅中摆放小型的祖师造像用以膜拜而已（图 2-17）。

（3）阿吉塔那塔庙

位于古吉拉特邦塔那加（Taranga）的阿吉塔那塔庙（Ajitanatha Temple）由皈依了耆那教的当地统治者建造。寺庙建于 11 世纪初，并献给第二代祖师阿吉塔那塔，这座寺庙代表了初期石构耆那教寺庙的建筑风格（图 2-18）。

寺庙仿照当时的印度教神庙形式而建，平面由圣室和一个曼达拉（Mandala）式柱厅组成，柱厅之前又有一小厅。整体较为封闭，不如后期寺庙开敞，也没有后期寺庙比较常见的围廊（图2-19）。无论是寺庙外部的雕刻还是寺内石柱和天花上的石刻都非常细致精美，但并没有形成自身的风格特点，而更接近于印度教神庙的雕刻风格，以致如果不进入寺内看到供奉的祖师雕像，仅从外表看很容易就会把它误认为印度教神庙[1]。

图2-18 塔那加阿吉塔那塔庙

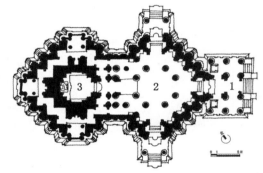

1. 门廊
2. 柱厅
3. 圣室

图2-19 塔那加阿吉塔那塔庙平面图

（4）阿布山迪尔瓦拉寺庙群

位于海拔1 220米，阿拉瓦里山最高峰阿布山（Mount Abu）上的耆那教迪尔瓦拉寺庙群（Delwara Temples），是拉贾斯坦邦著名的耆那教朝圣中心。在11世纪以前，阿布山主要是印度教中湿婆派的朝圣中心，自11世纪起这里逐步修建了5座著名的耆那教寺庙，从而成为耆那教的重要圣地。

迪尔瓦拉寺庙群共由5座相互独立的寺庙组成，它们并没有经过统一规划，而是在11—15世纪逐步增建而成（图2-20）。寺庙由白色大理石建成，神庙内外雕刻繁密，墙壁、门框、柱子、天花、尖顶上都遍布精细的雕刻和装饰，让观者眼花缭乱。柱头和柱身上雕满耆那教和印度教中的传说人物、各种神兽、男女神侍、皇室成员、翩翩起舞的歌女、手持刀剑的勇士等各种形象，甚至找遍整座

---

1　Takeo Kamiya.Architecture of the Indian Subcontitent [M]. Tokyo: Toto Shuppan Press, 1996.

寺庙都没有一个重复的样式。寺庙群创造出一种富丽堂皇而又欢快自由的彼岸图景，表现了古代工匠非凡的艺术创造力和精湛的工艺水平。

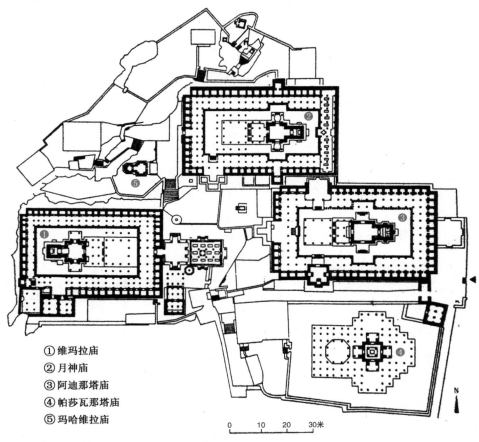

① 维玛拉庙
② 月神庙
③ 阿迪那塔庙
④ 帕莎瓦那塔庙
⑤ 玛哈维拉庙

0　10　20　30米

图 2-20　迪尔瓦拉寺庙群平面图

① 维玛拉庙

维玛拉庙（Vimala Vasahi，Vasahi 即梵语中的 Vasati，是寺庙的意思）于 1032 年由当地公国的君主维玛拉·沙哈（Vimala Sah）发动了 1 500 名工匠和 1 200 名劳力历时 14 年建成。维玛拉·沙哈早年在残酷的王位争夺中残忍杀害了自己的兄弟和一批敌对的官吏，双手沾满了手足的鲜血，成为国王后更是凶残嗜杀，无情地铲除一切持异见者。中年后他日趋悔过自己犯下的滔天罪行，在当地耆那教僧侣的影响下皈依了耆那教，并倾全国之力在圣地阿布山建造了维玛拉庙，以期洗刷自己的罪孽。寺庙通体由纯白色的大理石建成，这些石材由国王委派专门的官吏从王国西面的采石场精挑细选后运往圣地。维玛拉庙在模仿印度教神庙的基础上积极摸索耆那教自身寺庙建筑的建设道路，寺庙建成后便轰动一时，被其他地区的耆那教寺庙争相模仿，而阿布山也逐渐成为耆那教徒的朝圣中心。维玛拉庙开创了耆那教寺庙的常见形式，由外及内由门廊、前厅、主厅、圣室组成，并围有一圈小圣龛形成围廊。在12世纪中叶，维玛拉·沙哈的后代为彰显家族的荣耀又倾力重修了寺庙，更换了寺庙内的大理石装饰，并在原来寺庙入口的前端加建了一个柱厅，由此便形成了现在看到的样子（图2-21）。

从进入维玛拉庙精美的大门起，便来到了这个用洁白的大理石构筑的梦幻而圣洁的世界，这种仿佛能够洗涤心灵的净土景象带给人以巨大的震撼和迷醉。由大门向前是寺庙的前厅，两边则是由小圣龛组成的围廊，廊子每4根柱子便支承一个小穹顶来增大空间，小穹顶内有雕刻或彩绘。小圣龛则使用锡卡拉式尖顶，每龛大小一致，朝向院子开门。门框都是一式的构图，边框上雕满细密的图案，门槛正中雕有一只吐水的蛤蟆状神兽。龛内则供奉祖师雕像，每龛都是如此。进入前厅石柱上、横梁上满是细致雕刻，柱子之间有遍布纹理的弓形大理石装饰。头顶上的大穹顶更加是这种夸张变现的中心，穹顶支承在八根石柱上，由外圈向中心雕出层层叠叠的图案，越往中心越是绵密，外圈上围有一圈神侍雕塑，穹顶中心处则是由大理石雕成的犹如吊灯形式的莲花。抬头仰望，不禁使人目眩神迷，通过这些精美的雕刻，

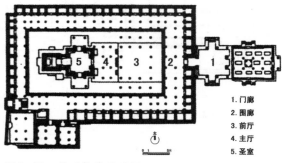

1. 门廊
2. 围廊
3. 前厅
4. 主厅
5. 圣室

图2-21 维玛拉庙平面图

图2-22 维玛拉庙前厅

传达着彼岸净土的圣洁和威严（图 2-22）。前厅往前是相对简单些的主厅，用以连接圣室。圣室四面开门，象征先贤向四面八方讲授教义，最后端以一密室收尾，圣室内的方形圣坛供奉先贤雕像，每一面都有塑像对着圣室开着的门。圣室使用高耸的锡卡拉式尖顶，是整个寺庙最高的部分，突出了圣室在寺庙中的核心地位。

　　② 月神庙

　　月神庙（Luna Vasahi）于 13 世纪初仿照维玛拉庙而建，规模比前者略小，但寺庙的雕刻和细部装饰都更加华贵。建造它的是当时著名的布拉戈维特家族，其地位相当于意大利的美第奇家族。他们信仰耆那教，在王国内世代经商，积累了大量的财富，并掌控着与外界的

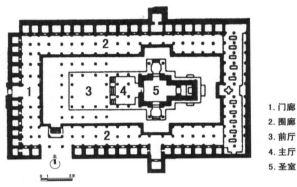

1. 门廊
2. 围廊
3. 前厅
4. 主厅
5. 圣室

图 2-23　月神庙平面图

贸易和当地的市场。13 世纪后布拉戈维特家族逐步涉足政治，家族要员多有出任王国的重要官职。布拉戈维特家族也曾出资修建其他地方的多座寺庙和设施，他们的乐善好施为时人所称颂。月神庙最初由家族中的一位要员为纪念他已故的兄长而建，并献给第 22 代祖师尼密那塔（Neminatha）。14 世纪初寺庙被伊斯兰教势力毁坏，14 世纪中叶由当地富商出资重建。建筑风格上与先前一致，并未受到伊斯兰风格影响（图 2-23）。

　　尽管月神庙在面积、建筑高度和穹顶跨度上都比维玛拉庙要小，但它在绘画、雕刻和细部设计方面更具巧思，也更显精美细致。在这里建筑与艺术、现实生活与精神世界得到了完美地结合，月神庙是迪尔瓦拉寺庙群中最华丽精美的一座寺庙（图 2-24）。

图 2-24　月神庙前厅

③ 阿迪那塔庙

位于月神庙南面并与维玛拉庙相对的是建于 14 世纪初至 15 世纪中叶的阿迪那塔庙(Adinatha Temple),该寺由居住在艾哈曼德巴德的富商筹建,同样是仿照维玛拉庙形制建造,寺庙由门廊、围廊、前厅、主厅和圣室组成(图 2-25)。但或许是由于战乱的影响,不及在它之前的 2 座寺庙精美,部分主厅和走廊的柱子都没有雕刻,柱子间的弓形大理石装饰也不多,似乎并未完成(图 2-26)。

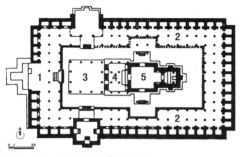

1. 门廊
2. 围廊
3. 前厅
4. 主厅
5. 圣室

图 2-25　阿迪那塔庙平面图

图 2-26　阿迪那塔庙前厅

④ 帕莎瓦那塔庙

帕莎瓦那塔庙(Parshvanatha Temple)位于阿迪那塔庙南面,于 15 世纪中叶由当地富商出资建成,以此献给第二十三代祖师帕莎瓦那塔(Parshvanatha)。寺庙平面为十字形,主入口朝西,西面的柱厅比其余三面都要大些,由此形成了一个长边十字。西面为矩形柱厅,其余三面做曼达拉式平面。十字中心设圣室,四面开门,每面都供奉有白色大理石雕成的帕莎瓦那塔塑像(图 2-27)。

与前几座寺庙不同的是帕莎瓦那塔庙是一座楼阁式寺庙,且四面开敞,没有院墙和围廊。寺庙共有三层,一层四面都为柱厅,二三层环绕圣室建有外廊,各层都供奉有祖师雕像。另外,不知是否由于财力不足的原因,这座寺庙并没有使用白色大理石为建材,而是由当地的砂岩建成,并在外表面刷上白色灰浆。

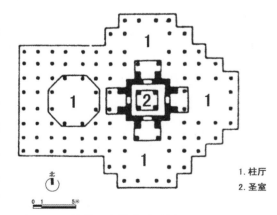

1. 柱厅
2. 圣室

图 2-27　帕莎瓦那塔庙平面图

雕刻和细部装饰都不及前几座寺庙精彩，穹顶内部的雕刻也过于简单（图2-28）。

⑤玛哈维拉庙

圣地内最晚建成的是献给大雄的玛哈维拉庙（Mahavira Temple），筹建者不详。这是一座简单的小型寺庙，甚至不能称其为寺庙，只是一间供奉大雄塑

图2-28 帕莎瓦那塔庙

像的小房间。据传于15世纪晚期建成，并在18世纪由某位著名画匠在墙壁上绘制了大雄的彩画，以此来弥补没有雕刻的不足。

窥一斑即见全豹，从这一影响深远的耆那教著名圣地来看，由维玛拉庙的精彩登场到月神庙的发展巅峰再到后期的逐渐衰落，我们不难看出这也暗合了耆那教的发展历程。通过观察与分析作为其宗教文化载体的寺庙建筑，便能从茫茫洪流中探究这一宗教文化的来龙去脉与历史演进。

（5）阿迪那塔庙

位于拉贾斯坦邦拉那普尔（Ranakpur）的阿迪那塔庙（Adinatha Temple）代表了耆那教寺庙建筑的最高水平，而拉那普尔这座城市也因这座极其美丽的寺庙而举世闻名。寺庙建成于15世纪中叶，又被称为"千柱寺"，由当时极具天分的建筑师迪帕卡（Depaka）设计建造，并献给初代祖师阿迪那塔（Adinatha）[1]。阿迪那塔庙仿照圣地阿布山的维玛拉庙和帕莎瓦那塔庙而建，共有3层，并在其基础上继续发展，寺庙内外都异常精美，建筑内外

图2-29 阿迪那塔庙

1 ［意］玛瑞里娅·阿巴尼斯. 古印度——从起源至13世纪 [M].刘青，张洁，陈西帆，等，译.北京：中国水利水电出版社，2005.

完美融合，给人以极大的震撼。它拥有在印度其他寺庙所无法感受到的明亮而华丽的豪华室内空间，这一庞大的建筑宛如一件璀璨的艺术品。如果没有坚定的信念和审美意识，这样的杰作就不会实现（图 2-29）。

寺庙通体由白色大理石建成，坐落于 60 米 × 62 米的基座上，与阿布山的帕莎瓦那塔庙一样，主入口也设在西面。基地东高西低，站在寺庙入口前的广场上看，洁白的寺庙巍峨耸立，连绵的锡卡拉尖顶一字排开，与其说是寺庙倒不如说是一座梦幻的城堡。

在登上一长段阶梯，穿过雕刻精美的大门后，便进入了这座美轮美奂的建筑。与印象中寺庙带给人庄重、威严、阴沉感觉不同的是，这座寺庙开敞而明亮，唤起人们对彼岸净土的无限遐想。建筑之美无法形容，但觉若世上果真有净土，这便是了。寺庙为十字形平面，四面基本对称，西面略长。十字的中心为圣室，圣室四面开门，各面都供奉有阿迪那塔的塑像。圣室之外是 4

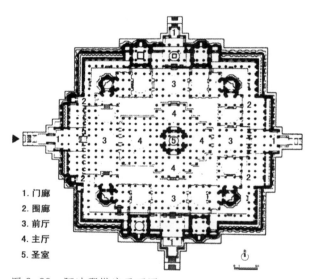

1. 门廊
2. 围廊
3. 前厅
4. 主厅
5. 圣室

图 2-30　阿迪那塔庙平面图

个主厅，连接主厅为 4 个前厅，各前厅之间又伸出一小柱厅彼此相连，连接处建一小圣龛。各厅互可通达，都有华丽的穹顶。前厅再外则是围廊，廊内为覆有锡卡拉尖顶的小圣龛彼此相连，围廊四角与两前厅之间留出小庭院作采光之用（图 2-30）。

寺庙内圣龛的门框上、各厅的石柱和柱头上、弓形大理石装饰上、架在石柱上的石梁上、天花上、穹顶上都满布细密雕刻，层层叠叠，富丽堂皇。石柱上都有表现神话传说或世俗生活的雕刻，据说没有两根石柱是完全相同的。穹顶通过支承在石梁上的短柱高高架起，光线从这些间隙和庭院被引入室内，流动的光影凸显出寺庙内交织的空间和精细的雕刻。穹顶作为净土世界的象征被着重表述，从最外沿凶恶的侍神到最中心下垂的莲花无不被精心雕琢。从脚下的地砖到头顶的天花和穹顶，都使用洁白的大理石，在阳光的映照下显得那么的纯洁与神圣，应和着环绕圣龛诵经的僧侣，营造出一种浓郁的宗教氛围和奇幻色彩（图2-31）。

图2-31a　精美的石柱　　　　图2-31b　前厅内的穹顶

（6）斋沙默尔耆那教寺庙群

斋沙默尔（Jaisalmer）是位于拉贾斯坦邦西部紧临印巴边境的一座沙漠古城。斋沙默尔历史文化悠久，而古城本身就是享誉海内外的世界文化遗产，城内著名的耆那教寺庙群更是极具特色与传奇色彩。

斋沙默尔耆那教寺庙群共由6座耆那教寺庙组成，每座寺庙都是献给二十四祖师中的一位并以其名号命名，最早的寺庙修建于15世纪早期，最晚的建于16世纪中叶，代表了拉贾斯坦邦西部地区耆那教寺庙的最高建筑水平（图2-32）。统治斋沙默尔的王公家族原本都信仰印度教，但由于信仰耆那教的商人们掌控着与西亚贸易的商道和本地的市场，他们在社会生活中往往能够施加强有力的经济控制力。而当地的耆那教团甚至比王室更加富足，更具影响力。这也导致了在斋沙默尔的耆那教寺庙比王室的印度教寺庙更加富丽堂皇，这种情况在印度其他地区是非常少见的。

图2-32　斋沙默尔耆那教寺庙群

　　6座耆那教寺庙均由当地一种黄褐色石材建成，从古至今屡经修缮，因此现今建筑组群仍保存完好，石构件和细部装饰都相对完整。每座寺庙基本仍是由圣室、主厅、前厅和门廊四部分组成。从寺庙精美的门廊往内是豪华的前厅和主厅，主厅连接圣室，圣室使用曼达拉形平面，四面开门位于中心轴线的最后端。各寺对主厅或前厅各有侧重，但主厅的穹顶往往更加华丽。在这6座耆那教寺庙中，2座寺庙建有小圣龛式围廊，2座寺庙只有围廊不设小圣龛，2座寺庙只建院墙没有围廊（图2-33）。有趣的是其中一座寺庙还作为当时的图书馆使用，并建有存放文件的地下室，圣室一直延伸至地下层并供奉祖师神祇。不过现在已经用于摆放祖师雕像。可见在当时耆那教寺庙并不只有宗教场所一个用途，而是在社会生活中扮演着多种角色。

　　与拉贾斯坦邦其他地区耆那教寺庙建筑不同的是，这里的寺庙门廊前都有一道架在石柱上的弓形装饰作为门券。此外寺庙也多为两层，因此从大厅往上看穹顶显得更加高耸，寺庙从外看也显得更加高大（图2-34）。这种形式主要是受到10—13世纪古吉拉特邦耆那教寺庙建筑形式的影响，由此也可以推测在中世纪这个地区相对于拉贾斯坦邦的腹地，更多地受到来自于古吉拉特邦耆那教王国的影响。

　　进入寺庙，室内的雕刻都与拉那普尔的阿迪那塔庙类似，至处满布层层叠叠的细密雕刻（图2-35）。石柱上都雕刻着从印度教和佛教中吸纳的神侍、翩翩起

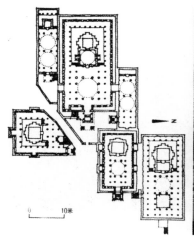

图2-33　斋沙默尔耆那教寺庙群平面图

图2-34　高大威严的寺庙外墙

舞的歌女、骑着大象的勇士和作战的士兵。每根石柱四面的人物都不相同，石柱之间也无重复，让人啧啧称奇。或许是因为材料所限，无法像大理石一样表现出纯净的宗教意象，这里有些寺庙的穹顶做了彩绘，五彩斑斓，倒另有一番欢乐自在的情怀。

图 2-35a 主厅顶部的藻井　　图 2-35b 主厅二层的走廊　　图 2-35c 主厅一层内景

### （7）萨图嘉亚寺庙城

萨图嘉亚寺庙城（Satrunjaya Temple city）位于距古吉拉特邦重镇帕提塔那以东 2 公里，是耆那教最神圣也是最重要的圣地和朝圣中心。寺庙城建在圣山萨图嘉亚山顶，传说初代祖师阿迪那塔曾在此山修行布道。寺庙城由 3 个互相连通的城堡组成，城内共有大大小小、高低错落的 863 座耆那教寺庙。城堡内除了寺庙也再无其他任何建筑。朝圣的僧侣和信徒们清晨开始登山，傍晚时分圣城关闭，朝圣者们再沿原路返回山下的僧舍，周而复始。当雨季来临时，因为台阶湿滑，不便攀登，圣城便不再接待朝圣者，这四个月城内就空无一人，俨然一座不沾人间烟火的世外桃源（图 2-36）。

图 2-36 萨图嘉亚寺庙城

去圣城朝拜必须从山脚开始攀登，要经过 3 500 多级宽大的石阶方才能来到圣城脚下，而下山也只此一条道路。据最新统计，这座从山脚到山顶不过 600 多米的圣山上，已建有了近千座寺庙。寺庙由个人或者家族捐献，用

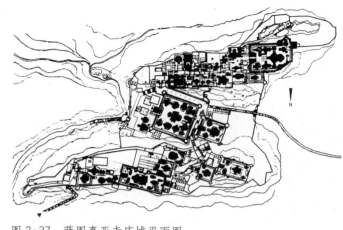

图 2-37　萨图嘉亚寺庙城平面图

以献给二十四祖师中的一位。据记载圣城内最早的寺庙建于 12 世纪，此后香火不断，延续至今。耆那教徒们不仅维修他们的寺庙，在各个时代都会不断地修复、重建和扩建。所以考证寺庙的具体年代十分困难，可以确定的是在中世纪这里确实有很多寺庙，但并没有现今这么繁荣；16 世纪中叶这里经过了大规模的修复和重建，而大约一半的寺庙可能建于近代（图 2-37）。

城内寺庙的形式都大体类似，为印度西北部地区耆那教寺庙风格，规模大些的寺庙仍由圣室、前厅、主厅、门廊组成，有些建有围廊，规莫小些的就只有圣室和一个前厅。这些都是锡卡拉式寺庙，圣室的锡卡拉尖顶是整座寺庙的视线中心，与印度教寺庙不同的是耆那教寺庙的圣室大部分都是四面开门的，比印度教寺庙的圣室要大些。精致些的寺庙仍是遍布雕刻，精雕细琢；简陋点的只做些粗浅石刻。无论规模大小和精美程度，寺庙间都有一定差异。但这并不影响朝圣者们的热情，只要是耆那教寺庙，无论大小信徒们都是一致的虔诚和敬重（图 2-38）。

耆那教徒们把寺庙集中建在山顶，并形成了圣城这种独特形式，其原因大致有两点。首先，这是受到宗教思想方面"山体崇拜"的影响，他们认为某些特殊的山峰具有神奇的灵力或神迹，因此便把它们作为宗教圣地。而居家信徒们也更加乐意把他们捐献的寺庙建在神奇的圣地上，以求得神力的荫蔽。另外，此时正值混乱的中世纪，信仰伊斯兰教的穆斯林疯狂地迫害和屠杀一切异教势力，把他们从伊斯兰占领区赶走，拆除他们的寺庙，并使用可以使用的构件来修筑自己的

图2-38 萨图嘉亚寺庙城内造型各异的耆那教寺庙

清真寺。伊斯兰教是禁止偶像崇拜的，而耆那教很多寺庙的柱子等构件只做纹理形式的雕刻，这对穆斯林们来说再合适不过了。例如在艾哈曼德巴德的清真寺里就使用从耆那教寺庙拆来的柱子。在城市里的寺庙大多受到不同程度的破坏，于是耆那教教徒们就只好去那些被破坏可能性较小的地区建造寺庙了。寺庙城这种形式的出现很可能就是为了躲避战乱，并起到一定抵御外敌的作用。

（8）吉尔纳尔寺庙城

寺庙城这种独特的建筑形式在印度其他山峰上也有出现，例如在古吉拉特邦居那加德以东6公里的圣山吉尔纳尔山上就建有与在萨图嘉亚类似的寺庙城。据传说二十三代祖师帕莎瓦那塔曾在吉尔纳尔山修行布道，因此吉尔纳尔山成为耆那教的著名圣地。吉尔纳尔寺庙城（Girnar Temple City）建于12—19世纪，是耆那教最难到达的圣地，如果攀登萨图嘉亚的

图2-39 吉尔纳尔寺庙城

3 500 步台阶已经让人双腿发软，在这里还得再多走 1 000 多步才能来到吉尔纳尔寺庙城（图 2-39）。

　　吉尔纳尔寺庙城由 10 座耆那教寺庙组成，这座寺庙城不及萨图嘉亚寺庙城规模宏大。这座寺庙城与萨图嘉亚寺庙城，都为印度西北部耆那教寺庙风格，形式相近而规模有异。由于吉尔纳尔山位于降水较少的半沙漠地区，当地石材又多为疏松多空的粗砂岩，因此使用粗砂岩建造的寺庙风化特别严重。为适应当地自然条件，这里寺庙的穹顶外部施涂彩绘以抵御风雨侵蚀。20 世纪初，这里又使用一种新的方法来保护他们的寺庙，即用白色小瓷砖贴满外墙和穹顶，并镶嵌色彩鲜艳的彩色瓷砖。远远看去这竟有些像安东尼奥·高迪所作的古埃尔公园了（图 2-40）。

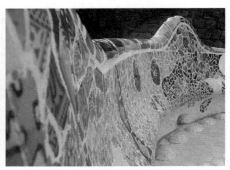

图 2-40a　吉尔纳尔寺庙穹顶上的马赛克拼贴　　图 2-40b　古埃尔公园里的马赛克拼贴

　　这里最古老的寺庙是 12 世纪初建成的尼密那塔庙（Neminatha Temple），寺庙宏伟壮丽，并建有围廊（图 2-41）。而最著名的寺庙当属建于 13 世纪早期，献给第二十三代祖师的帕莎瓦那塔庙（Parshvanatha Temple），这座寺庙的特殊之处是在它的前厅两侧各建有一座带穹顶的曼达拉式柱厅，2 个曼达拉柱厅和圣室的锡卡拉尖顶象征着传说中的三大圣山。据说朝圣

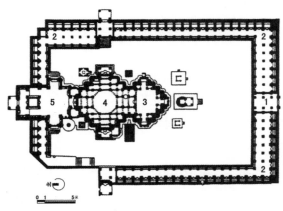

1. 门廊
2. 围廊
3. 前厅
4. 主厅
5. 圣室

图 2-41　尼密那塔庙平面图

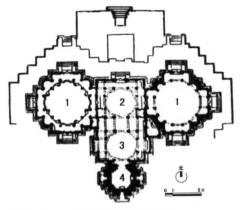

1. 柱厅
2. 前厅
3. 主厅
4. 圣室

图 2-42a　帕莎瓦那塔庙平面图　　　　　图 2-42b　帕莎瓦那塔庙的圣坛

者只要围绕着这"三座圣山"诵念经文，便能在来年一帆风顺（图 2-42）。

　　正如狄更斯在他的《双城记》中所写的那样：那既是最好的时代，也是最糟的时代；那既是孕育信仰的时期，也是滋生怀疑的时期；那既是希望的春天，也是失望的冬天；人们全都在奔向天堂，人们全都在奔向相反的方向。如果说它好，那必定是最高级的，这个时代充满了文明间的碰撞与交融，迸发出无数智慧的火花，产生了一大批精美的寺庙；如果说它不好，那必定也是最高级的，遍地燃起的战火导致了无奈的流离失所和残忍的血腥屠杀。

　　总之，印度中世纪是耆那教寺庙建筑发展的黄金时期。在地方统治者的支持下，宗教与王权相结合，建造了一大批耆那教寺庙建筑。同时耆那教寺庙为了吸引更多的信徒，不再局限于单体式的寺庙，出现了规模宏大的寺庙群布局方式，并与耆那教的宗教观相结合，创造了圣洁壮丽的室内观感。耆那教寺庙逐步摆脱了印度教神庙的影响，确立了自身的独特寺庙建筑形式。它们以宏大的规模、富丽华贵的室内空间、极具张力的建筑造型，孕育出浓厚的宗教氛围。此外，建筑内外装饰着题材多样、雕刻精致的各种几何花纹图案和人物雕像。到了中世纪中晚期，雕刻的重要性甚至超过了寺庙本身。因此，中世纪的耆那教寺庙建筑，无论是建筑技术还是雕刻艺术都达到了巅峰水平。

### 3. 伊斯兰统治时期的耆那教寺庙建筑

　　16 世纪初，中亚突厥人由阿富汗入侵印度，并建立了统治印度的莫卧儿王朝。帝国最伟大的统治者阿克巴（Akbar）是开创了这一王朝的巴伯尔（Barbour）之孙。

他曾试图融合突厥、波斯和印度文化，创建一个真正的印度帝国，而不是又一次异族的征服。但遗憾的是，他的继任者显然对此无太大兴趣，更愿意沉湎于宫廷享乐和血腥的征战[1]。

辉煌的巅峰之后便是无声的沉沦。在代表耆那教寺庙建筑最辉煌时期的拉那普尔阿迪那塔庙之后，传统风格的耆那教寺庙建筑便走到了尽头。此后的寺庙建筑无论在建筑巧思或是雕刻技艺上都没能超越前者。除了与北部没有太多联系的南方外，北部地区的耆那教寺庙逐渐受到了伊斯兰建筑风格的影响。由于匠人们多被驱逐迫害或被强制要求遵从伊斯兰建筑风格，中世纪的那种精巧华丽的雕刻工艺逐渐失传，寺庙规模也大不如前了。

（1）索娜吉瑞寺庙城

在印度中央邦的索娜吉瑞（Sonagiri）有一座仿照萨图嘉亚的寺庙城（图2-43）。城中共有84座耆那教寺庙，但大部分都是建于近代。最早的一批寺庙约建于16—17世纪，带有明显的伊斯兰建筑风格。每座寺庙外表面都抹上白灰，寺庙内也无太多雕刻。从形式上看，已经不

图2-43　索娜吉瑞寺庙城

再是北部地区常见的传统耆那教寺庙形式，而更接近于伊斯兰教的清真寺。有些寺庙看起来就像是把象征圣山的锡卡拉立在了一座简单的清真寺上。寺内不再有中世纪时富丽堂皇的室内空间，穹顶、墙面和柱子上也不再有人物雕刻，仅有一些几何形纹理作为细部装饰且较为粗糙[2]。

（2）昌德拉那塔庙

卡纳塔克邦的巴特卡尔（Bhatkal）地区从14—18世纪初一直处于信仰耆那教的萨里瓦王朝的统治下。17世纪前后在巴特卡尔地区修建了众多耆那教寺庙，

1　[美]罗兹·墨菲.亚洲史[M].黄磷，译.北京：人民出版社，2004.
2　Takeo Kamiya.Architecture of the Indian Subcontitent [M]. Tokyo: Toto Shuppan Press, 1996.

献给第八代祖师的昌达那塔庙（Chandranatha Basti）是至今保存较为完好的一座。

　　寺庙建于17—18世纪，平面由圣室加一个柱厅组成，圣室为重檐坡屋顶形式，并在四周建有围廊，柱厅只有一层。寺外不建围廊，寺内雕刻不多也较为粗糙，这个地区的耆那教寺庙大抵都是如此（图2-44）。南方耆那教寺庙普遍不如北方豪华精美，相较于北方寺庙注重创造一种纯净神圣的宗教氛围，南方则显得朴实一些[1]。

　　（3）查图姆卡哈庙

　　卡卡拉（Karkala）是卡纳塔克邦著名的耆那教朝圣中心，这里共建有从中世纪至殖民时期的约18座耆那教寺庙。卡纳塔克邦第二高的巴胡巴利巨像（约13米）也建在距卡卡拉市中心1公里的一座小山上。巨像脚下即是建于16世纪晚期，献给第十二代祖师查图姆卡哈的查图姆卡哈庙（Chaturmukha Basti，图2-45）。

图2-44　昌达那塔庙

　　寺庙建在一座火山岩质的小山丘上，平面为曼达拉形（即亚字形平面），四面对称，圣室位于平面中心，四面设门。圣室中心又设方形圣坛，每面供奉有3尊祖师塑像，雕像由当地产的黑色花岗岩制成。围绕圣室是一圈回廊，并由落在地面的石柱支撑起覆盖回廊的石屋顶（图2-46）。倾斜的屋

图2-45　查图姆卡哈庙

1　Takeo Kamiya.Architecture of the Indian Subcontitent [M]. Tokyo: Toto Shuppan Press, 1996.

面是由黑色花岗岩石板拼合而成，圣室之上为石板拼合的平屋顶。寺庙内外无太多雕刻，整个寺庙透露出一种难以言说的古朴神秘之感。

综上所述，伊斯兰统治时期是耆那教寺庙建筑的衰落期。由于统治者皈依了伊斯兰教的穆斯林，甚至还有不少狂热的伊斯兰信徒。他们都极力维护自身的宗教地位，排斥打击一切异端，醉心于建造伊斯兰清真寺、宫殿和陵墓。这段时期耆那教发展陷于停滞，依附于人数远多于自己的印度教艰难度日。能够生存下来以属不易，更不必说去建造引人注目的大型寺庙了。在这种形势下北部地区自然没有大型寺庙出现，而耆那教寺庙的建造便主要集中在一些南部信仰印度教的国家，不再有中世纪时的辉煌。

图 2-46　查图姆卡哈庙外廊内景

### 4. 殖民时期的耆那教寺庙建筑

18 世纪初，穷兵黩武的莫卧儿王朝陷于崩溃的边缘，各地起义不断。此时英国东印度公司利用已经具有的优势，使用和平接管、军事打击和与地区统治者签署条约等手段逐步取得了印度次大陆约一半地域的统治权。在其后的百余年间不断巩固渗透成为印度实质上的主宰，并被绝大多数印度人所接受。进入了 19 世纪，印度的大部分地区成为英国的殖民地。在重要城市里耆那教寺庙再也没有了被穆斯林摧毁的威胁，僧侣的传教活动也受到当局的一定保护。于是，耆那教又开始慢慢恢复了生机，白衣、天衣两派进行了各自的宗教改革，以适应这个新的时代。由城市富商发起的新一轮寺庙建设在以艾哈曼德巴德、加尔各答（Calcutta）为代表的重要殖民城镇如火如荼地展开。

（1）杜哈玛那塔庙

在古吉拉特邦重镇艾哈曼德巴德建造的一大批耆那教寺庙中，最大、最

著名的一座当属杜哈玛那塔庙
（Dharmanatha Temple），由当地
的富商哈利辛格筹资建造，并献
给第十五代祖师杜哈玛那塔（图
2-47）。

寺庙于1848年建成，为古
典复兴式。杜哈玛那塔庙并没
有使用像拉那普尔的阿迪那塔
庙那种十字形布局，而是回归
到中世纪早期的"Garbhagriha +
Mandapa"，即"圣室 + 柱厅"
的形式。在主体寺庙外围是由带
锡卡拉顶圣龛围成的外廊，正对
柱厅开有华丽的大门（图2-48）。
入口大门和寺内大量使用的尖券
体现了伊斯兰建筑的影响，寺庙
内很好地恢复了中世纪传统耆那

图 2-47　杜哈玛那塔庙主体寺庙

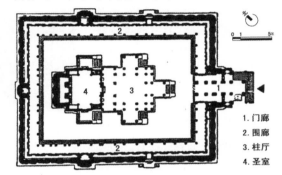

1. 门廊
2. 围廊
3. 柱厅
4. 圣室

图 2-48　杜哈玛那塔庙平面图

教寺庙细致精美的雕刻技艺，柱子、拱券、穹顶、圣龛都密布层叠的雕刻（图2-49）。
中世纪时遍布精致雕刻、中央为一吊灯状莲花的华丽穹顶也得以恢复。豪华的大

图 2-49a　寺庙的入口门廊

图 2-49b　精美的柱头装饰

图 2-49c　伊斯兰装饰风格的
走廊

厅内信徒们席地而坐，跟随僧侣诵念着经文。

（2）希塔兰那塔庙

位于著名商业城市加尔各答的希塔兰那塔庙（Shitalanatha Temple）是由一名珠宝商人捐赠，并献给第十代祖师希塔兰那塔的一座折中主义风格耆那教寺庙，于 1867 年建成。

这是一座混合了多种建筑风格的寺庙，首先跃入眼帘的是它结合了伊斯兰风格的欧式门廊，之后便是传统风格的锡卡拉式尖塔。整个寺庙坐落在一片意大利式的花园上。在这里莫卧儿王朝时期的伊斯兰风格、意大利的巴洛克风格和传统的印度神庙风格融合在一起。寺庙内并不用传统的华丽雕刻

图 2-50　希塔兰那塔庙

来装饰，而是造了富贵华丽的镜厅。以希塔兰那塔庙为代表的折中主义寺庙形式代表了殖民时期的一种寺庙建筑风格（图 2-50）。

由上述实例可以看出，殖民时期可以看做耆那教寺庙建筑的复兴期。在经历了伊斯兰统治时期的肃杀与压抑之后，这段时期的宗教发展和寺庙建设呈现出一种涅槃重生的势态。商人们热情洋溢地建造新的寺庙，他们从昔日的荣光中寻找设计寺庙的依据或者更多地受到西方折中主义建筑风格的影响。总之，无论是古典复兴也好折中主义也罢，这一批寺庙建筑都唤起了信众对昔日的美好回忆，并吸引人们前来聆听先贤的教谕。

### 5. 共和国时期的耆那教寺庙建筑

1950 年，印度完成民族独立，开始进入共和国时期。印度走向自由的过程在很大程度上离不开圣雄甘地和尼赫鲁两人的推动，而甘地主导的非暴力运动与耆那教的非暴力宗教思想不谋而合，这预示着这一古老的宗教在现今仍然有着它存在的意义并保持着非凡的活力。

（1）玛哈维拉庙

这座近年建造的大型耆那教寺庙位于阿布山地区，寺庙模仿中世纪时著名的迪尔瓦拉寺庙群，由白色大理石建成，并献给第二十四代祖师，即通常被称为大雄的耆那教创始人玛哈维拉（图2-51）。与圣地的寺庙不同的是，这座新建寺庙虽然在雕

图 2-51　玛哈维拉庙

刻技艺和细部装饰上略逊一筹，但建筑造型却更加自由。寺庙坐落于一个高大的圆形大理石台基上，并有宽大的台阶通达精美的大门。进入寺庙，中央为一个带穹顶的柱厅。穹顶为中世纪时的传统样式，雕刻有层叠的植物纹理，中心为一个下垂的莲花；穹顶外则雕刻着密布的小尖顶。柱厅往前，为供奉大雄塑像的圣室，圣室较为封闭，只面对柱厅开门，圣室上为高耸的锡卡拉尖顶，是整座寺庙竖向构图的中心。柱厅两边各连接有一个稍大点的圣龛，依旧为传统样式，龛内供奉大雄塑像，并建有比圣室略小些的锡卡拉顶。连接圣室、两边的圣龛和大门的是一圈排列成环形的小圣龛，并有围廊连通各龛，柱厅与围廊间的部分留出作为庭院（图2-52）。这种圆形平面的寺庙，造型别致、布局自由，是现代耆那教寺庙建筑的创新之作。可能是由于这种创新的形式还未被人们接受，与圣地内那些古老寺庙前人山人海的情景相比，来这里参观祈福的信徒寥寥无几。

图 2-52　寺庙的环形围廊

（2）萨图嘉亚某新建寺庙

笔者在调研位于古吉拉特邦的耆那教圣地萨图嘉亚时，偶然发现了一座正在建造的小型耆那教寺庙。该寺庙建于萨图嘉亚山的半山腰上，面向前往圣城的上山道路。由已经建成的部分可以依稀看出，这座新建的耆那教寺庙中心为一正方形大殿。大殿四面设门，四周围有一

图 2-53　萨图嘉亚某新建寺庙

周回廊。大殿正中建有一开敞式圣坛，寺庙二层的同样位置也建有一四面开敞的圣室（图 2-53）。这种寺庙形式与中世纪时传统的"圣室＋柱厅"模式不同，比较接近于十字形布局的耆那教寺庙，但又与之略有差异。总而言之，从这座正在建造的寺庙中我们可以看出新时期耆那教寺庙的典型特点，那就是无论是建筑造型还是布局都更加自由灵活，不拘泥于古法，勇于创新。

此外，我们可以看到建造寺庙的传统工艺一直延续至今，并未断绝。在建造寺庙的施工队中不乏大量工作认真投入的年轻人。他们在年长者的带领下搬运石材、雕琢石像，将古老的手艺传承了下来。从建造现场来看，工匠们首先使用钢筋混凝土和砖块砌出寺庙的基本骨架，然后将准备好的白色大理石模块镶在砖墙表面。这些大理石模块视镶嵌部位不同而大小有异，在需要雕刻的地方大理石厚实些，做贴面的就只用大理石板。最后由专门的工匠师傅用笔在大理石表面画出需要雕刻的花纹和图案，再由雕刻师带领年轻人们来最终完成雕琢工作（图 2-54）。也有些石构件先由工匠们在场外进行加工，并逐一编号，制成后再统一安装到寺庙的相应位置。工人们除了使用传统的凿刀和锤子，也运用切割机、打磨机和冲击钻等现代化工具。一般小型的耆那教寺庙由富裕的信徒捐建。他们自行雇佣施工队伍来建造寺庙或由所属教派统一修建，有些人亲自设计，但更多的则委托给施工队全权建造。建造一座小型寺庙的时间并不长，通常快则半年，慢则一年有余。不同的施工队伍因建造寺庙的优劣而在信徒群体中享有不同的口碑。

从 1950 年至今，印度脱离了英国的殖民统治，开始更加关注自身的历史，

从传统文化中获取
民族尊严和自信。
古老的耆那教获得
新生，并用现今的
新思想重新诠释着
古老的教义。耆那
教在印度国内的发
展呈星火燎原之势，
并开始向世界范围
内传播。在印度各
地都新建有众多耆
那教寺庙，这些寺

图 2-54a　未雕刻的石构件　　图 2-54b　雕刻完成后的石构件

庙虽不及中世纪时那么豪华精美、做工精细，但建筑思想却更加开放，寺庙形式
也更加自由。

## 第三节　耆那教寺庙的建筑与文化特征

### 1. 耆那教寺庙的建筑特征

　　耆那教寺庙建筑是耆那教思想的载体，也是教徒们参加宗教活动的聚集地。
在印度西北部地区的古吉拉特邦和拉贾斯坦邦，耆那教寺庙也常被称做"Derasar"，
而在包括马哈拉施特拉邦在内的印度南部地区则多被人们称为"Basti"。它们都
是源自于梵文"Vasati"，意义为连接神灵和僧侣的住所。耆那教寺庙式样繁多，
以温迪亚山脉为界，北部地区的寺庙形式又与南部完全不同。我们知道，耆那教
的白衣派主要活动于印度北部，而天衣派则主要集中在印度南部。笔者认为耆那
教寺庙建筑形式呈现出的南北有别，除了和自然气候、地理条件有关外，也在一
定程度上受到了两派的宗教思想影响。这在下文介绍南部地区的寺庙类型时将进
一步细致阐明。总体而言，北部地区的耆那教寺庙要远比南部地区豪华精美、富
丽堂皇，而在寺庙的规模上也要比南部地区大很多。

　　就寺庙的空间布局来说，一座耆那教寺庙通常是由圣室、主厅、前厅和门廊
四部分组成的。有时因为寺庙规模差异，对这四部分各有侧重，或主厅、前厅并

成一处，或干脆不建
门廊。但基本形式都
是源自"圣室＋柱厅"
的印度传统寺庙建筑
形式。北部地区的大
型耆那教寺庙在主体
建筑的四周又围有一
圈小圣龛，各龛对内
开门，形成一个院落
式的空间布局形式。
圣龛造型相似，龛内

图 2-55a　小圣龛外侧　　　　　图 2-55b　小圣龛内侧

供奉祖师雕像。各圣龛一一相连，覆有小型锡卡拉式尖顶。从院墙外看去，一排
小锡卡拉顶一字排开非常壮观，这也成为北部地区甚至是耆那教寺庙的一个典型
特征（图 2-55）。

　　北部地区寺庙的前厅和主厅多使用穹顶，一般来说前厅的穹顶要小些，也有
简单地只使用平顶的；而主厅穹顶更大，雕刻也更加细致，但有些寺庙也有两者
颠倒的情况。穹顶内部的藻井是寺
庙雕刻最为突出的地方，各寺表现
手法类似而规模大小有异。藻井精
雕细琢，浮雕、圆雕和透雕层层相
叠，极其华丽。寺庙穹顶的外部
常常雕出布满小穹顶或锥形小尖顶
的式样（图 2-56）。寺庙的核心
部分为最神圣的圣室，其内设有圣
坛，坛上供奉祖师雕像。圣室被称
为"Gambhara"，原本指子宫，又
被称为子宫室。"Gambhara"在印
度教神庙中特指供奉神像的阴暗密
室，耆那教用它指自己更具开放氛
围的圣室。圣室通常四面开门，寓

图 2-56　穹顶外部的尖顶装饰

意先贤向四面八方讲授教义，最前端连接主厅，最后端则以一密室收尾。这一核心区域通常不允许非耆那教徒进入，僧侣们也只有在沐浴后并穿上法袍才能入内。在北部地区圣室多使用锡卡拉式尖顶，外观为高耸的尖塔形屋顶，锡卡拉是山峰的意思，象征神灵居住的圣山（图2-57）。寺庙内的石柱和圣坛上都雕满了表现祖师形象和各种夜叉、侍神的精美雕刻。

　　而在印度南部地区的耆那教寺庙大多使用木结构，各厅都用坡屋顶，只是圣室的屋顶略高一些或做成重檐的样式。在面临阿拉伯海的西海岸地区，那里的耆那教寺庙主要受到泰米尔纳德邦传统建筑的影响，又与其他各邦多有不同，多使用人字形屋顶。此外，南部寺庙一般只简单地围有一圈院墙，没有北部寺庙壮观的带锡卡拉尖顶的小圣龛。也有的寺庙并不建造屋舍，而只是建一院子围起中间的圣人巴胡巴利巨像，这种形式在南方较为常见，被称为"贝杜"（Petu）。此外，南部地区寺庙内外的雕刻普遍不及北部精致华丽、精雕细琢，有些甚至看起来还十分粗糙。与北部不同的是在南方寺庙前往往都立有一根被称做"玛那斯坦哈"（Manastambha）的纪念柱，这也成为印度南部地区耆那教寺庙建筑的明显特征（图2-58）。

　　耆那教寺庙的细部装饰大多极尽繁复细致之能事，由于信徒多为富豪商贾，他们往往对寺庙倾其所有并视为无上荣耀，所以有些地区的耆那教寺庙甚至比皇室的印度教寺庙更加华丽，这些耆那教寺庙用令人眼花缭乱的雕刻和多种多样的空间创造出一种奇幻夸张、充满活力的总体形象。而这种由圣室、主厅、前厅和门廊四部分构成的建

图2-57　圣室顶部高耸的锡卡拉　　图2-58　"玛那斯坦哈"纪念柱

筑形式显然受到了印度教神庙建筑的影响，粗略一看确实很难区分彼此。而四周围有小圣龛的建筑形式又很类似佛教寺庙中的僧舍。从某种角度讲，耆那教寺庙的建筑形式是在吸纳了印度教和佛教寺庙特点的基础上发展起来的（图2-59）。

诚然，耆那教无论是与印度主流宗教印度教或是与成为世界级宗教的佛教相比，都是一个相对小众的宗教，其影响力也不能与它们同日而语。它总会或多或少地受到两者的影响，而使用已经被大众广泛接受的建筑形式既是效率最高的方式也有利于自身宗教的传播和发展，所以有时折中两者才能使自己更好地生存下去。由于耆那教寺庙建筑形式多样且南北差异明显，从宏观上简练准确地概括出其寺庙的建筑特征有一定难度。但与印度的其他宗教建筑相比，不管何处的耆那教寺庙仍具有其独特的辨识性。首先，耆那教寺庙的圣室通常比其他宗教建筑更加开敞，这与印度教神庙的封闭式圣室形成了鲜明对比。耆那教寺庙的圣室通常四面开敞，象征祖师圣训教谕四方；而在印度教寺庙中圣室是神明的居所，隐秘而神圣，所以通常封闭而压抑。其次，耆那教寺庙的内部空间和室内装饰是印度所有的宗教建筑中最为豪华精美的，那些富丽堂皇而又庄重神圣的柱厅让人永难忘怀。最后，在一些院落式布局的耆那教寺庙中所使用的小圣龛式围廊是耆那教寺庙建筑所独有的，小圣龛上的锡卡拉尖顶延绵排开，异常壮观。耆那教寺庙外观也更具气势，与其说是寺庙倒不如说是一座雄壮的要塞。这甚至成为耆那教寺庙带给人的最直观印象和最典型特征。

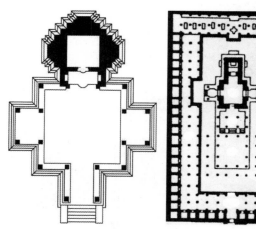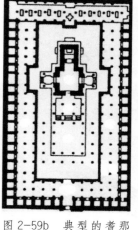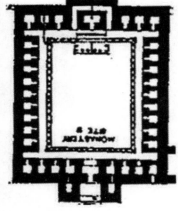

图2-59a　典型的印度教神庙平面图　　图2-59b　典型的耆那教寺庙平面图　　图2-59c　典型的佛教精舍平面图

## 2. 耆那教寺庙的文化特征

耆那教寺庙大多是以某位祖师的名字命名，作为献给这位祖师的礼物，冠其名、奉其像，用以纪念他的圣行和对教派的卓越贡献。但日常生活中的耆那教寺庙不仅仅是用来纪念先贤的圣殿，还是举行宗教活动的场所，同时也是教众和耆那教团体进行社会文化活动的中心。寺庙通常建在风景秀丽的宗教圣地或是城邦中的重要位置，用其高大的体量、宏伟的组群和富丽堂皇的室内装饰，宣示着耆那教的奇异魅力与巨大的影响力。耆那教寺庙在其信众中的影响力已经远超宗教精神范畴，耆那教寺庙在他们的日常生活中占有重要地位，并在印度的社会生活中发挥着多种多样的作用。

以富商巨贾们作为其坚定信徒的耆那教团体，往往十分富足并与王室保持着密切联系。这种情况在拉贾斯坦邦的斋沙默尔最为突出，当地的耆那教团体掌控着与西亚贸易的商道，因此在当地有着巨大的经济影响力。在斋沙默尔的耆那教寺庙甚至比皇室的印度教寺庙更加富丽堂皇。在以耆那教寺庙为中心的城市区域形成了一个类似于商会的组织，控制着周边的贸易。信仰耆那教的商人们大多乐善好施，每逢灾年都会在寺庙和其附属设施布施赈灾，并建造医疗机构帮助患有伤病的穷人。现今仍有耆那教派出资建立的免费为人看病的医院，甚至还有不少给动物提供免费治疗的诊所。

耆那教寺庙不仅承载了宣扬教义和进行宗教活动的重任，还常常出资建造附属于寺庙的学校和房屋。学校聘请专业的老师教育附近的孩子，使他们获得社会生活的技能，宗教领袖也在学校传授宗教知识和哲学思想。在南印度卡纳塔克邦的慕达贝瑞就有一条称为耆那路的主要道路，道路穿过当地的耆那教社区，路两旁建有多座寺庙，这些寺庙出资在社区中建造了附属于寺庙的学校，从而为附近的儿童提供了良好的教育资源。由此可见，耆那教寺庙不但是其宗教思想的物质载体，更在社会生活中发挥了商会、学校、慈善机构等多种功效。寺庙扎根于普通民众的日常生活，成为他们不可或缺的一部分，也正是如此才保持了耆那教长久的生命力，一直延续至今。

## 小结

从公元前 3 世纪孔雀王朝的建立至公元 7 世纪末笈多时代的终结这段时间是耆那教寺庙建筑发展的早期。作为一个小型宗教，早期的耆那教寺庙建筑发展比较缓慢，并没有建在地面上的大型寺庙，主要为开凿在山间的石窟寺，并且多与印度教或佛教石窟建在一处。石窟寺在形式上和先前两者类似但规模稍小。这个时期是耆那教艺术勃兴的萌芽期，其寺庙建筑在印度教和佛教宗教建筑的基础上，对自身的寺庙建筑形式进行了探索，形成了耆那教寺庙建筑的雏形，并确立了自身的发展方向。

公元 8—12 世纪，耆那教得到了部分地区统治者的大力赞助，这些地区的耆那教势力开始快速发展，大量精美华丽的耆那教寺庙如雨后春笋般涌现。初期建造的寺庙主要模仿印度教神庙建筑，后期则逐步形成了自己特有的寺庙形式。从 13 世纪开始，随着伊斯兰势力的持续扩张，耆那教发展逐渐衰弱，由穆斯林控制的大城市不再兴建大型耆那教寺庙。穆斯林统治区内的寺庙也被悉数毁坏，或拆毁后作为建造伊斯兰清真寺的材料。13—16 世纪初，耆那教寺庙主要集中在未被伊斯兰统治者征服的王国和位于边远地区的耆那教圣地。在未被伊斯兰统治者征服的王国仍建有少量精美的寺庙，这些寺庙达到了极高的建筑水平。8 世纪—1526 年莫卧儿帝国时期是耆那教寺庙建筑的黄金时期。在地方统治者的支持下，宗教与王权相结合，建造了一大批耆那教寺庙建筑。同时耆那教寺庙为了吸引更多的信徒，不再局限于单体式的寺庙，出现了规模宏大的寺庙群，并逐步摆脱了印度教神庙的影响，确立了自身的独特寺庙建筑形式。

在 16 世纪之后的伊斯兰统治时期，除了与北部没有太多联系的南方外，北部地区的耆那教寺庙逐渐受到了伊斯兰建筑风格的影响，中世纪的那种精巧华丽的雕刻工艺逐渐失传，寺庙规模也大不如前了。伊斯兰统治时期是耆那教寺庙建筑的衰落期，这段时期耆那教的发展陷于停滞，依附于人数远多于自己的印度教艰难度日。传统的耆那教寺庙主要集中在一些南部信仰印度教的国家和少数天衣派教区，已不再有中世纪时的辉煌。

从 19 世纪开始，印度的大部分地区进入殖民统治时期。耆那教开始慢慢恢复了生机，由城市富商发起的新一轮寺庙建设也如火如荼地展开。殖民时期是耆那教寺庙建筑的复兴期。在经历了伊斯兰统治时期的肃杀与压抑之后，这段时期的宗教发展和寺庙建设呈现出一种涅槃重生的势态。商人们热情洋溢地建造新的寺庙，他们从昔日的荣光中寻找设计寺庙的依据或者更多地受到西方折中主义建筑风格的影响，新建寺庙主要表现为古典复兴风格和西方折中主义风格。

　　1950 年，随着印度完成民族独立，开始进入了共和国时期。从 1950 年至今，印度脱离了英国的殖民统治，从而开始更加关注自身的历史，进而从传统文化中获取民族尊严和自信。古老的耆那教获得新生，并用现今的新思想重新诠释着古老的教义。耆那教在印度国内的发展呈星火燎原之势，并开始向世界范围内传播。印度各地新建了众多耆那教寺庙，这些寺庙虽不及中世纪时那么豪华精美、做工精细，但建筑思想却更加开放，寺庙形式更加自由，这段时期是耆那教寺庙建筑的新生期（表 2-1）。

表 2-1　耆那教寺庙建筑时代特征汇总表

| 时代划分 | 发展阶段 | 建筑背景 | 建造方式 | 建筑风格 |
|---|---|---|---|---|
| 孔雀王朝与笈多时代（前 3 世纪—7 世纪末） | 萌芽期 | 模仿佛教和印度教石窟建筑 | 石窟式，岩凿式，石砌式 | 朴实浑厚 |
| 中世纪（8 世纪—16 世纪初） | 黄金期 | 最初模仿印度教神庙建筑形式，随后逐渐形成了自身寺庙建筑风格 | 石窟式，岩凿式，石砌式 | 古典庄重 |
| 伊斯兰统治时期（16 世纪—18 世纪末） | 衰落期 | 受到伊斯兰建筑风格的影响 | 石砌式，砖木结构（南部地区） | 风格杂糅 |
| 殖民时期（19 世纪初—20 世纪中叶） | 复兴期 | 模仿中世纪寺庙，同时受到西方折中主义建筑风格影响 | 石砌式，砖砌式 | 古典复兴与折中主义 |
| 共和国时期（1950 年至今） | 新生期 | 模仿各个时期的寺庙形式，并自由多变 | 石砌式，砖砌式，钢筋混凝土，木结构 | 多元化趋势 |

第三章 耆那教寺庙建筑的选址与布局

第一节 耆那教寺庙的选址

第二节 耆那教寺庙的布局

## 第一节　耆那教寺庙的选址

### 1.城镇寺庙选址

耆那教寺庙建筑作为信仰者献给祖师的礼物，并不仅仅是信仰者纪念先贤或是僧侣宣讲教义的宗教场所，同时也在普通大众的社会生活中发挥着多种职能，扮演着商会、医院和公益机构等多种社会角色。寺庙本就多由富裕的居家信众捐建或由社区教团集资建造，在宗教用途之外又有多种社会职能，与当地群众的日常生活联系紧密。因此，与佛教寺庙追求安宁澄静、超凡出世、刻意远离普通大众的选址观念相异，耆那教寺庙由于它的种种特点，也出于贴近居家信众的需要，往往选择建造在人声鼎沸的城市和乡镇中。此外，耆那教寺庙积极灵活的以不同的建造策略应对不同的建造场地，也体现了耆那教非凡的适应性和生命力。耆那教寺庙建筑延续其宗教精神，扎根于普通大众，使用豪华精美的殿宇和庄重神圣的宗教氛围来吸引信徒，教谕四方。而作为其宗教基础的广大居家信众和宗教团体，他们既是它慷慨的母亲又是它虔诚的孩童。

因此将寺庙建在热闹的城镇中是一种比较合理也是最为常见的选址方式，这类城镇寺庙往往位于城镇的重要位置，或建在城中耆那教聚居区的核心地段。通常这些寺庙选址于城镇的主要道路两旁或建在交叉路口，这么做既可以方便信徒到达，又能起到地区标志性建筑物的作用，从而有助于提高自身的影响力，吸引更多的潜在信仰者。如在上文中提及的斋沙默尔耆那教寺庙群就是这类寺庙的典型代表。由于伊斯兰教势力入侵后，大部分建在城镇的寺庙都被破坏，现存不多，而建于斋沙默尔的寺庙群保存较好，且历经修缮形制完整，故以此再做分析。

斋沙默尔城堡（Jaisalmer Fort）坐落在拉贾斯坦邦西面，沙漠城市斋沙默尔的核心地区。它既是一个巨大的防御工事，同时也是珍贵的世界文化遗产。城堡始建于1156年，该地区正值拉其普特人（Rajput）所建王朝的拉瓦尔·斋沙（Rawal Jaisal）皇帝掌权，因此得名为斋沙默尔城堡。城堡历经无数征战仍屹立于茫茫的塔尔沙漠之中，白天由巨大的黄色砂岩建成的城堡好似一头黄褐色的雄狮，夕阳西落时在落日的余晖中它又闪现着金色的光芒，因此斋沙默尔城堡常被称为"金堡"（图3-1）。中世纪时期，这座城市在与波斯、阿拉伯、埃及和非洲的贸易中发挥了重要作用。13世纪时皈依了伊斯兰教的突厥人曾一度攻占了斋沙默尔城

图 3-1　斋沙默尔城堡

堡，并占领了长达 9 年之久。虽然入侵者最终被驱逐，但城堡并未摆脱被异族统治的命运，1541 年时又再次被伊斯兰教入侵者——莫卧儿皇帝胡马雍攻占，并一直持续至殖民时期。随着英国统治时代的到来，海上贸易的持续增长和孟买港地位的上升，导致了斋沙默尔的商业重镇地位快速下滑。在印度独立、印巴分治后，古代贸易路线更是被完全封闭，从而彻底改变了这座城市的命运。

现今斋沙默尔为世界知名的旅游城市，城堡里约有 4 000 多常住人口，而且主要为印度教和耆那教教徒，他们大多是原先城堡里原住民的后裔。斋沙默尔城堡内的西南部分主要为耆那教聚居区，其他区域为印度教聚居区。宫殿位于城堡的中心区域，宫殿南面为王国广场，紧邻宫殿的西面就是皇室的印度教神庙。耆那教寺庙群共由 6 座相互连接的寺庙组成，分别建于从 15 世纪早期——16 世纪中叶的不同时期。寺庙群选址于耆那教社区的中心位置，分布于社区主要道路两旁，而这条道路也是社区直抵王宫广场的唯一道路（图 3-2）。由此可见，寺庙群已经成为社区的核心和代表性建筑。庄重神圣的寺庙完全融入到喧嚣热闹的居民区之中，豪华精美的石头艺术品更是信仰者们的归宿和

图 3-2　斋沙默尔耆那教寺庙区位图

骄傲，成为居民们的日常生活中不可或缺的一部分。

又如建于罗德鲁瓦（Lodruva）的耆那教寺庙也属于城镇型耆那教寺庙。罗德鲁瓦距斋沙默尔15公里，曾作为拉杰普特王朝的都城，但因地势平坦无险可守，先后两次毁于战火，之后王朝便把都城迁至斋沙默尔，并在城堡内建造了王宫。如今这座古都除了当年位于城市中心地区的一座耆那教寺庙，其余建筑都已不复存在（图3-3）。罗德鲁瓦耆那教寺庙在17世纪时重建，并于近年经过了大规模修缮。寺庙最初建于古都的中心地带，紧邻热闹的市场和宫殿，作为庄重神圣的地标性建筑诉说着无尽的崇高与繁华。因该地区在17世纪时被纳入了莫卧儿帝国的版图，所以寺庙重建时带有了些许伊斯兰建筑风格（图3-4）。寺庙建在一矩形围墙之内，一进入华美的大门，首先跃入眼帘的就是位于围墙四角的四个建有锡卡拉式尖顶的圣

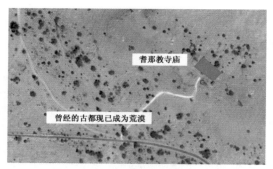

图3-3　罗德鲁瓦耆那教寺庙区位图

图3-4a　罗德鲁瓦耆那教寺庙外景

图3-4b　复原后的罗德鲁瓦耆那教主体寺庙

龛，龛内都供奉有雕刻精美的祖师神祇。院子中央则为主体寺庙，入口前有一精美的门券（图3-5），主体寺庙由门廊、柱厅和圣室组成，只建一层。圣室上建有高耸的锡卡拉式尖顶，柱厅则使用穹顶。穹顶支承在柱厅中央的8根柱子上，穹顶内部的藻井层层雕琢，中心为一垂下的莲花造型。圣室四面开门，各面均供奉有祖师塑像。柱厅与圣室都环绕有围廊，围廊的外侧装饰着伊斯兰风格的花窗，

这种印度传统寺庙风格与伊斯兰建筑风格的融合方式倒也让人感到新奇有趣（图3-6）。寺庙内外除了少数旧时的石构件，其余都是新近重建，虽然极力恢复固有形式，但所雕石刻大都刻板呆滞，不及旧时神韵。

图3-5　入口处的门券

图3-6　寺庙的漏窗

　　贴近普通民众、建于城市或社区的城镇寺庙是耆那教寺庙最常见的选址方式。后来由于伊斯兰教势力的排挤，建于城镇的寺庙多被拆毁，于是寺庙建设的重心便逐步向建于圣地或深山的山林寺庙倾斜。殖民时期时耆那教在一些大城市获得了安全稳定的发展环境，于是城镇寺庙重新繁荣起来，例如建于艾哈曼德巴德的杜哈玛那塔庙和建于加尔各答的希塔兰那塔庙等都属于这种类型。到了现代，耆那教影响力日趋提高，城镇式寺庙成为新建寺庙的主流。

### 2. 山林寺庙选址

　　早在公元前1000年至约前500年的吠陀文明时期，印度的先民就对一些他们无法理解的自然现象和地质奇景充满敬畏，并赋予其神性，从而创造了一系列与之对应的神灵精怪形象。在古印度的神话传说中世界的中心为须弥山（梵语音译为Sumeru），又常被译为"苏迷卢山""妙高山"等。以须弥山为中心的世界被无际的苦海环绕，海上又有四大部洲和八小部洲。须弥山的山顶居住着神灵，山的四面都由金刚守护。这种古朴的信仰被耆那教所吸收，在其寺庙建筑中就大都建有象征着神山须弥山的锡卡拉塔顶。耆那教因此孕育出独特的山体崇拜思想，认为巍峨的高山充满了无穷的力量和智慧。耆那教教徒本也有回归自然、提倡在深山野岭修行的倾向。这一方面是由于他们认为现世是充满苦难的，回归自然原始的生活是脱离现世痛苦的最佳途径，另一方面，他们相信"因果轮回"，沉溺现世享乐只会积累贪婪、凶恶、放荡等恶业，恶业积累到一定程度则下一世必遭苦难。而脱俗出世、禁欲修身、积善行德则会积累善业，纵使不能超脱轮回也可以在下一世获得理想的生活。于是，负有盛名的名山大川就成为狂热信仰者和苦行僧们的理想去处，以及追随者心目中的圣地。耆那教信众十分热衷于前往他们的圣山、圣地朝圣，认为这些地方具有超凡的神力。这些圣山、圣地常被他们称为"提尔塔"（Tirtha），意译为"涉水的地方"，即从现世通往永恒世界的通道。现今各地的圣山、圣地多为其教先贤修行得道之地。

受到这些思想的影响，很多耆那教寺庙都选址于著名的宗教圣地。此外，这些圣地本身就是著名的名山大川，有些圣地有数个宗教聚集，自古以来就香火旺盛。将寺庙建在圣地不仅出于修行者和朝圣者的需要，也有利于进一步提高其宗教影响力。选址于宗教圣地的山林寺庙或建在圣山之顶，或建于林木环绕、景色优美的胜地。前者如萨图嘉亚寺庙城（图 3-7）和吉尔纳尔寺庙城等；后者则以阿布山迪尔瓦拉寺庙群（图 3-8）和拉那普尔的阿迪那塔庙为代表。

而另一类山林寺庙的出现则是由于伊斯兰教势力的排挤和驱赶。伊斯兰教统治者为巩固其自身的宗教地位在占领区排斥一切异教，他们肆意拆毁异教寺庙，屠杀异教僧侣，这种情况直至莫卧儿王朝的阿克巴大帝时期（1543—1605 年）才有所好转。在这段短暂时期之外的数百年间，耆那教徒只能忍耐或是将寺庙建在被破坏可能性较小的深山野岭，这是一种对强权的无奈逃避。

建成于 15 世纪末的拉卡那庙（Lakhena Temple）就属于这种类型。寺庙位于拉贾斯坦邦与古吉拉特邦交界的深山之中，靠近现已废弃的小城阿巴哈普尔

图 3-7 萨图嘉亚寺庙城区位图

图 3-8 迪尔瓦拉寺庙群区位图

图 3-9　拉卡那庙区位图

图 3-10　拉卡那庙

（Abhapur，图 3-9）。寺庙由圣室、主厅、前厅和门廊组成。圣室并没有四面设门，显得相对封闭。主厅用以连接圣室和前厅，也并不开敞，只在两旁设有花窗。前厅现今损坏较为严重，天花以上部分都已经损毁，只遗留有石柱。寺庙使用附近的石料建成，建造比较粗糙。整体没有太多雕刻，且已带有了一些伊斯兰装饰风格，有些石柱显得过为瘦长，已经不及中世纪时华丽壮观，充满了衰败没落之感（图 3-10）。

　　如今这类选址于深山，为躲避战祸而建的寺庙因交通不便，年久失修，多已被废弃，况且现今正处于开放与自由的大环境，不必再担心寺庙被无故摧毁，于是它们逐步退出了历史舞台，没有了继续发展的必要，只是作为一种历史遗迹被人们铭记，讲述着过往沉浮。选址于圣地的寺庙因周边环境优美且多位于如今的著名风景区，便逐渐繁荣起来，同时也成为现今耆那教寺庙建筑选址的另一潮流趋势。如阿布山地区建有拉贾斯坦邦唯一的山地度假村，拉那普尔更是著名的度假胜地。这些寺庙与当地旅游业相结合，除了作为宗教朝圣中心，更成为远近闻名的旅游景点。寺前往往人山人海，进寺参观也要排起长队。如拉那普尔的阿迪那塔庙只在中午 12 点至下午 5 点的 5 个小时内对游客开放，早晨则只有僧侣和信众可以进入。游客参观寺庙必须遵守诸多要求并有军警维持秩序，例如不允许穿戴皮革制品，进寺必须穿上法袍，赤足参观等，其核心部分不允许游客拍照。尽管如此，游客还是趋之入鹜，足以显示其知名度。

### 3. 宫殿寺庙选址

8—12世纪，耆那教在拉贾斯坦邦和古吉拉特邦影响力日盛，教派和宗教团体发展迅猛，渗透到社会的各个阶层。在宗教大师和富商团体的努力下，耆那教逐渐被地区统治者接受，并得到了他们的大力支持与赞助。部分地区由于统治者皈依了耆那教，甚至形成了信仰耆那教的国家。这一时期拉古两邦地区的耆那教已经具备了广泛的社会基础又有富商团体的经济影响力作为其坚强后盾，地区统治者们为了巩固自身的统治，开始纷纷将地区统治与宗教活动结合起来。而两者相辅相成，耆那教由于得到了地区统治者的推崇，宗教地位大大提高，自身发展也更为迅速。这段时期是耆那教发展的黄金时代，大批精美壮观的耆那教寺庙建筑建于这段时期。一些地区的当地统治者为了显示王国的雄厚实力，提高民众的凝聚力，出资兴建了大量耆那教寺庙建筑。国王们为了方便宗教活动将寺庙建在王宫中，甚至把寺庙与宫殿相结合，将两者合二为一，创造了一种全新的寺庙建筑形式。遗憾的是，在伊斯兰教势力侵入后，这类寺庙大多连同宫殿被一并摧毁，至今少有遗存。

幸运的是在拉贾斯坦邦距离斋沙默尔5公里左右的阿玛撒格尔（Amar Sagar）仍现存有一座建于王宫内的耆那教寺庙。寺庙约建于13—14世纪，在20世纪时被大规模重建，近年又经修缮。王宫位于古城遗址中部，紧邻一天然湖泊（图3-11）。城市环绕湖泊展开，湖边建有蓄水池和水井，离水井不远处现仍有一些居民房屋和一座小型耆那教寺庙，其年代不详，附近居民偶尔会来此处汲水。遗址范围内的古迹除了重建的宫殿外都已不复存在，这座遗址离耆那教古都罗德鲁瓦（Lodruva）不远，在废墟中零星散布着耆那教纪念柱，推测这里在中世纪时呈为一个耆那教小王国。

寺庙建于王宫的一角，从宫外就能看到它高耸的锡卡拉塔顶。这座耆那教寺庙

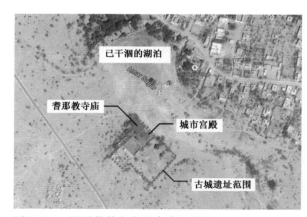

图3-11　阿玛撒格尔宫殿寺庙区位图

结合了印度传统寺庙建筑风格和拉杰普特宫殿建筑风格，平面布局上为圣室和一个前厅相组合的形式（图3-12）。圣室四面开门，每面均供奉有祖师塑像，前厅中央仍是一个极其华丽的穹顶，其外侧的门廊则更多地体现了宫殿建筑的特点。寺庙共有两层，

图 3-12　阿玛撒格尔宫殿寺庙

二层连通屋顶平台，由错落的台阶可以通达王宫的其他房间。寺庙和宫殿由产自当地的黄褐色砂岩建造，内外均满布细密雕刻。除圣室外壁有少量表现神侍的雕刻外，其余石刻都是绵密的植物纹样和几何花纹，层层堆砌，让人眼花缭乱（图3-13）。

图 3-13a　阿玛撒格尔宫殿寺庙入口　　　　图 3-13b　主厅内景　　图 3-13c　寺庙圣室

## 第二节　耆那教寺庙的布局

　　耆那教寺庙并不提供给僧侣长期居住，而是纯粹作为信众和教派进行宗教活动的公共空间，并担负多种社会职能。其寺庙建筑类型多种多样，规模大小也不一而同。建于各地的寺庙为了应对不同的场地并受到物质投入、技术条件等客观限制，常常使用灵活多样的布局模式和相应的空间类型，表现出很强的环境适应

能力。依据寺庙的规模和寺庙与周边建筑环境的关系大致可将寺庙划分为三种布局模式：适应于小型寺庙的点式空间布局、适应于中型寺庙的线形式布局和大型寺庙往往采用的院落式布局。

### 1. 点式空间布局

小型的耆那教寺庙在建筑布局上采用插入周边环境的点式布局，多利用小块空地建造。在空间类型上也呈紧凑的点式空间。寺庙通常只由圣室和门廊组成，一般圣室较为封闭，建有象征圣山的锡卡拉塔顶，其内供奉祖师神祇。整体看来则更接近于一个规格高些的圣龛。稍大些的也有在圣室前再加建一个前厅，形成圣室加一个小柱厅的布局，前厅多只做平屋顶，精致些的也起穹顶。这一类小型寺庙多见于圣地寺庙城和小的耆那教社区中，主要由并不十分富裕的信徒捐建。

虽然在占地面积和建筑高度上往往不及周边寺庙和其他建筑，但也正是由于其造型小巧、布局紧凑，反而更能适应复杂地形，寺庙的造型也更加灵活自由。

耆那教最著名圣地萨图嘉亚寺庙城中就有许多这种点式布局的小型寺庙，它们大部分由信仰耆那教的家庭或个人捐建，多数建于近代（图 3-14）。建在三座寺庙间空地上的小寺庙即是点式布局的寺庙建筑中最简单的一种形式，寺庙由圣室和门廊组成。圣室和门廊都建在一个带台阶的基座上，基座约 1 米高，略有收分。圣室为曼达拉形平面，较为封

图 3-14　萨图嘉亚寺庙城内点式布局的耆那教寺庙

图 3-15　最简单的点式布局寺庙

闭，只对着门廊开有一小门，其余各面只在外墙面上象征性地雕出壁龛。墙面上都雕刻有精细的神侍和几何图案，小门上方则雕出一出檐很小的屋檐做构图上的划分，屋檐以上为象征圣山的锡卡拉塔顶，主塔四面又雕出众星拱月状的多个小塔，塔顶均无太多雕刻，比下部略为简约。门廊由四根石柱支承，正中建有一小穹顶，屋顶四角都雕有神兽。穹顶内有些植物花纹和几何图案，但不及圣室雕刻精致（图3-15）。

在寺庙城最南边城堡靠近城墙处有一座与此类似但略为精致些的小型寺庙。这座寺庙由圣室和小柱厅两部分组成，建在一曼达拉形的基座上。圣室造型与先前类似，下部为封闭的房间，上部为象征圣山的锡卡拉尖顶。与先前只建一简单门廊的寺庙不同的是，这座寺庙使用了曼达拉形的小柱厅，造型显得更加精致。这种寺庙属于简单的点式布局寺庙，但比先前那种更为精致（图3-16）。

在临近崖边的平地上建有一连体式的小型寺庙，由两个圣室和两个门厅合为一体，中央做一分割，两边相互独立。这座寺庙整体较封闭，只在门厅开有一门，由此入内可达圣室。寺庙坐落在一小台基上，入口两端各有一尊护门神侍。门厅和圣室外墙面连成一体，墙面上雕出壁龛和壁柱并雕刻了几何花纹和人物图案。门框往上以雕出的屋檐做分割，屋檐向上是圣室的锡卡拉塔顶和门厅的尖顶，都雕有精美的细部装饰。这种连体式的小型寺庙可以看做以最简单形式的寺庙作为基本造型进行的组合和重构。除了合二为一的，还有多个联排的形式。以简单造型为基础、在规模上进行组合堆砌的方式，在造型上比单一的圣室加门廊形式更加富有张力，但仍属于圣室加其附属部分的简单布局形式（图3-17）。

另一种对简单的基本造型进行

图3-16　带有小柱厅的点式布局寺庙

图3-17　并联的点式布局寺庙

组合和重构的方式则更加高级，不再局限于对基本造型数量上的堆砌，而对其进行空间上的叠加和重构，由此便产生了更贴近耆那教教义的十字形平面布局。可以将其看做4个基本造型以圣室为中心相互叠加组合。这种形式的寺庙往往是四面对称的，圣室四面设门，圣室前为附属的门廊或柱厅。为了突出圣室的核心地位，只能在空间上进行强调。后又出现了多层的十字形寺庙，并随着层数的增加向中心的圣室逐步收缩，以突显出圣室的核心地位，让人们在远处就能看到突出的圣室，而不被附属部分遮挡。

萨图嘉亚寺庙城内的一座寺庙就是如此。寺庙为十字形平面，中心为圣室，四面为门廊。主入口朝西，因而西面略长。寺庙共有两层，建在不足2米高的台基上。现经改造，一层将南北两面的门廊与中心圣室连通，形成一长条形的圣室。二层圣室仍四面开门，除了西面

图 3-18　十字形点式布局寺庙

建有精美的门廊外，其余各面都向圣室收缩，只象征性地建一小门廊。圣室上为高耸的锡卡拉塔顶，西面门廊则用穹顶，穹顶外雕满层层叠叠的小尖顶（图3-18）。

综上所述，点式布局的耆那教寺庙因体量较小、建造简单、成本较低，在耆那教寺庙建筑里占有很大比重。它们对建造场地没有太高要求，多利用空地建造，见缝插针，灵活机动，适应性强，寺庙内的室内空间也因此呈现出紧凑的点式空间。正是由于这些特点，造成了这类寺庙往往在空间布局上最为多样，建筑造型丰富多彩。虽不及中大型寺庙壮观，但却自由多变，更显亲切。

### 2. 线形式布局

中型的耆那教寺庙体量较大，对建筑场地有一定的要求。寺庙常建在城市主要道路两旁的开阔地上或建在香火繁盛的圣地内，单独成寺或临近其他中大型寺庙建造形成寺庙建筑群，其建筑布局在周边环境中呈长条矩形的线式布局。这类

寺庙沿轴线由外至内通常由门廊、前厅、主厅和圣室组成。圣室用于供奉祖师神祇，主厅和前厅主要用于宗教活动，有些寺庙主厅也陈列祖师雕像，僧侣只在前厅宣讲布道。这是耆那教寺庙较为常见的布局形式，寺庙体量较大，建筑造型类似，不及点式布局的小型寺庙丰富多彩。

选址于圣地拉那普尔的帕莎瓦那塔庙（Parshvanatha Temple）就属于稍小些的中型寺庙。帕莎瓦那塔庙邻近拉那普尔闻名于世的阿迪那塔庙建造，建在它西面的一块平地上，主入口朝北面。寺庙建于15世纪，献给耆那教第二十三代祖师帕莎瓦那塔（图3-19）。这座寺庙由圣室、主厅和前厅三部分组成，建在一个约1米高的基座上，通体使用白色大理石砌筑。圣室为曼达拉形平面，相对封闭，只对主厅设门，室内供奉有帕莎瓦那塔的雕像（图3-20）。外壁雕满细致的图案和神侍，并在各面都雕有精美的壁龛。象征圣山的锡卡拉尖顶也异常精美，锡卡拉造型的小尖顶从四面拱簇着中心的塔

图3-19a  线式布局的帕莎瓦那塔庙

图3-19b  帕莎瓦那塔庙外景

图3-20  相对封闭的圣室和主厅

顶，每个锡卡拉上都遍布细密的装饰图案，顶部是一个带尖顶的法轮。主厅也为曼达拉形平面，起到承接圣室并连接前厅的作用。外壁延续了圣室外壁的构图，厅中央建一穹顶。穹顶内相对简单，只雕有几何形和法轮式的同心圆造型，越往中心，法轮越窄越密，表现了很强的飞升之感，极富动态。前厅是一个方形的柱厅，四面开敞，只使用平屋面并不起穹顶，四周有一圈挑檐，顶上是一周墙垛。屋顶由 4 米 ×4 米的柱网支承，石柱较为简洁，屋顶的天花上雕刻有一些几何纹样和祖师形象。这座建在拉那普尔的帕莎瓦那塔庙是中小型耆那教寺庙建筑中的佼佼者。寺庙布局紧凑、造型精致、装饰精美，通体洁白无瑕，无声地传达着圣洁典雅的宗教气氛，创造了一种让人充满遐想的彼岸世界图景。

建于奇陶加尔城堡（Chittaurgarh Fort）内的耆那教寺庙与拉那普尔的帕莎瓦那塔庙类似，但与帕莎瓦那塔庙独自成寺不同的是奇陶加尔的 3 座中型耆那教寺庙建在一处，形成了一个小型的耆那教寺庙群。奇陶加尔城堡是拉贾斯坦邦最富传奇色彩的城堡。历史上曾经有成千上万的拉其普特人，三次以血与火在这里铭刻下忠贞不渝的殉节精神，留给后人一段无比悲壮的记忆。首次屠城与殉节发生在 1303 年，传说统治德里的帕坦苏丹，垂涎奇陶加尔王公妻子帕德米妮的绝世美貌，带领大军围攻古堡。面对强敌，饥饿绝望的拉其普特人燃起火堆，帕德米妮和所有皇廷中的女人穿上用于婚礼的纱丽，在她们丈夫的注视下投身火海；男人们则披上猩红的长袍，在前额抹上神圣的火灰，骑马冲向战场厮杀。1535 年，占领了古吉拉特邦的伊斯兰统治者为了拓展疆域再一次围攻古堡。据估计，有大约 13 000 名拉其普特女人和 32 000 名拉其普特勇士在战争中死去。城堡最后一次血战发生在 1568 年，莫卧儿王朝的阿克巴大帝围攻古堡，女人们又一次殉节，而 8 000 名身着猩红长袍的勇士则冲向战场赴死。这次失利后，幸存的拉其普特人都逃到了距奇陶加尔不远的乌代普尔（Udaipur），并在那里建造了一座新都城。1616 年，莫卧儿王朝把奇陶加尔还给了拉其普特人，但他们没有再迁居回来。

奇陶加尔城堡内的三座耆那教寺庙建在一条主要道路旁的高地上，约建于13—15 世纪。寺庙群呈品字形排布，两座稍小的寺庙在后，稍大些的在前。最前端环绕稍大寺庙建有半段围廊，正中建有精美的门廊，围廊内为一一相连的小圣龛。圣龛都用锡卡拉式塔顶，站在道路上抬头看去非常壮观（图 3–21）。3 座寺庙都采用与拉那普尔的帕莎瓦那塔庙一致的布局模式，建筑造型也非常相似。寺庙由圣室、主厅和前厅三部分组成，建在一个约 1 米高的基座上，使用白色石材

建成。圣室为曼达拉形平
面，相对封闭，只对主厅
设门。外壁雕有少量神侍，
各面都雕有壁龛。圣室使
用锡卡拉式塔顶，顶部是
一个带尖顶的法轮。主厅
也为曼达拉形平面，厅中
央建一穹顶，穹顶内雕刻
有层叠的装饰图案。2座
稍小寺庙的前厅都为一个

图 3-21　奇陶加尔耆那教寺庙群入口

方形的柱厅，四面开敞，只使用平屋面并不起穹顶，四周有一圈挑檐，顶上是一
周墙垛并环绕主厅。其中一座寺庙的前厅只有 2 排柱进深，因此略显局促；另一
座仍为 4 排柱。稍大一座寺庙的前厅也用穹顶，穹顶内的石柱和天花上都雕刻有
精美的装饰图案。前厅通过前端的门廊与两旁围廊相连，虽然不及大型寺庙形制
完备，倒也威严庄重（图 3-22）。

　　由这些实例可以看出，线式布局的中型耆那教寺庙通常都是沿轴线依次排布
圣室、主厅和前厅，规模稍大些的也建有门廊。它们的布局相对于点式已经较为
固定，因此建筑造型比较类似，只在地区之间有些许差异。与更贴合耆那教义的
开敞式圣室不同，这一类寺庙的圣室较为封闭。外观通常与印度教神庙非常相似，
以至于只能通过寺庙外壁的雕刻和所供奉的神祇才能区分彼此，而并没有发展出
在更多的大型寺庙中体现出的耆那教自身寺庙建筑特点。

图 3-22a　奇陶加尔耆那教寺庙

图 3-22b　带有半圈围廊的稍大寺庙

### 3. 院落式布局

　　大型的耆那教寺庙常选择城镇或圣地的重要位置建造，凌驾于周边建筑之上，呈院落式布局，并建造围墙与周边建筑相隔开，表现为院落式空间组合。寺庙一般都与其他中大型寺庙建在一处，形成耆那教寺庙群，并在组群中占据着统领地位。这类大型寺庙或寺庙群不仅仅是宗教活动的中心，更在社会文化生活中担任着多种角色，以强大的控制力和感召力辐射周边地区。耆那教现存的大型寺庙不多，但它们都极为壮观华丽，更多地体现了耆那教寺庙有别于其他宗教建筑的自身特征，代表了耆那教寺庙建筑的最高水平。大型寺庙最显著的特征就是在主体寺庙外围环绕以连续的小圣龛，形成一个对内开敞的院落。圣龛对主体寺庙开门，其内供奉祖师神祇。所有圣龛都使用高耸的锡卡拉式塔顶，在寺庙外看去就形成了连排的锡卡拉塔顶，这种威严壮丽的构图方式极具识别性，与其说是寺庙倒不如说更像是一座戒备森严的堡垒。为了方便信徒膜拜祖师神祇，多向内延伸出柱廊，常与主体寺庙的门廊连成一体，彼此通达形成一个诵经祈福的参拜回路。通常，主体寺庙沿中央轴线由外至内依次为：门廊、前厅、主厅和圣室。这与中型寺庙的布局模式很相似，但与其不同的是在大型寺庙中的圣室往往更具开敞氛围，也比中型寺庙的圣室更大。在中型寺庙中圣室多为一个封闭的房间，只对主厅设门；但大型寺庙的圣室大多四面设门，寓意祖师的圣训远扬四方。圣室的最前端依然连接主厅，最后端则收缩成一个供奉祖师神祇的密室。此外，院落式布局的大型寺庙建设往往倾注了大量人力物力，比起中小型耆那教寺庙更加精美华丽。寺庙内外都精雕细琢，拥有着印度其他宗教建筑无法比拟的豪华室内空间，细部装饰更是让人眼花缭乱。

　　前文介绍过的维玛拉庙就属于这类院落式布局的大型寺庙。寺庙建于 11 世纪初，在吸收了当时各地耆那教寺庙建筑特点的基础上，开创了院落式寺庙的基本形式，并首先使用白色大理石来建造圣室的殿宇。维玛拉庙一经落成，便轰动一时，被各地的耆那教寺庙争相模仿。迪尔瓦拉寺庙群内的月神庙（建于 13 世纪初）和阿迪那塔庙（建于 14 世纪初—15 世纪中叶）也都受其影响，模仿它建造。斋沙默尔耆那教寺庙群中建于 15 世纪初至 16 世纪中叶的两座大型寺庙也都属于这类院落式布局。

　　此外，院落式布局的寺庙建筑中最杰出代表当属拉那普尔的阿迪那塔庙，该寺代表了耆那教寺庙建筑的最高水平。寺庙建成于 15 世纪中叶，由当时极具天分的建筑师迪帕卡（Depaka）设计建造（图 3-23）。因在前文已有对该寺庙的介绍，此处只对该寺的布局模式和空间类型做具体分析。据阿迪那塔庙的碑文记载，迪帕卡曾宣称他将建造一座基于经典的雄伟寺庙。从建成的寺庙来看，他所指的经典无疑是阿布山的维玛拉庙了，而在建筑造型上则主要采用了十字形的帕莎瓦那塔庙的思路，拉那普尔的阿迪那塔庙是在融合了两者的基础上被设计建造的。寺庙的中心是圣室，圣室四面设门。每个方向都建主厅连接圣室。主厅之外是 4 个前厅，并通过门廊与回廊相连。各前厅之间再建一小柱厅彼此相连，连接处建一梅花形圣龛，位于 4 个方向的梅花形圣龛呼应中央圣室，形成所谓的"五圣坛风格"（Five Shrined Type）。这种形式表达了印度传统的宇宙观，也常见于印度教和佛教建筑，如佛教寺庙中的金刚宝座塔。寺庙在围廊四角与两前厅之间留出小庭院做采光之用，有效地避免了因为体量过大而造成的内部空间过于昏暗的弊端。最终，中央圣室、主厅、前厅和围廊和梅花形圣龛组合在一起，以"十字形"和"五圣坛"相叠加，构成了一个完整的寺庙（图 3-24）。

在印度教神庙建筑中圣室又称"子宫室"，意味着神的居所，蕴含着威严肃杀的宗教神秘气氛，这就决定了它必然是一个相对封闭的空间。而圣室又是整个寺庙的核心，其他使用空间必然要配合其中心地位而建造。因此印度教寺庙规模的扩大只会在轴线上增加柱厅的面积或数量，圣室和柱厅都有明确的对应关系。

图 3-23　院落式布局的阿迪那塔庙

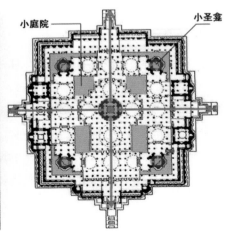

图 3-24　阿迪那塔庙空间布局分析图

一个规模再庞大的印度教寺庙都可以拆分成多个圣室加柱厅的线性排布，因为其圣室是无法向四面发散的，所以一个面状的印度教寺庙其实即是由许多线性排布相加而成的。换句话说，大型的寺庙一般有多个圣室，这样才能构成其庞大的规模和宏伟的体量。耆那教的十字形寺庙则采用另外一种组合方式。寺庙在横向上通过增加柱厅的面积和数量来扩大体量，竖向上则通过增加层数并逐层收缩来凸显圣室的核心地位。耆那教是无神论的宗教，教徒们相信只要借助自身修行便可得到解脱，无需借助外界神力。成熟的耆那教寺庙，其圣室因要符合教义都是相对开敞的，因此，耆那教寺庙的圣室可以向四个方向延伸，在建筑形式上仍采用传统的圣室加柱厅模式，形成以圣室为中心的4条线性排布。一个面状的耆那教寺庙可以只有一个圣室，也只有这种布局模式才最贴切耆那教义，属于其特有的建筑形式。这种建造寺庙的理想方案，不仅提供了扩大寺庙规模的绝佳思路，同时也更加符合教义，体现了自身宗教特点并极具美感，可与任一种古代伟大的建筑媲美。但可惜的是由于伊斯兰教势力的入侵，耆那教寺庙建筑模式淹没在了不成正比的力量对比和无奈的屈服之中，始终没能继续发展下去，拉那普尔的阿迪那塔庙也因曲高难和而成为绝唱，让人扼腕叹息。

综上所述，院落式布局形式主要应用于大型的耆那教寺庙建筑，空间类型为院落组合，且已形成相对固定的建筑模式。除了少数十字形排布的寺庙外，其余寺庙在组织排布和建筑造型方面都很类似，少有变化。但也正是在大型寺庙上才能更多地体现出自身的宗教建筑特点，相比中小型寺庙更有识别性。

## 小结

这一章节主要论述了耆那教寺庙建筑的选址和布局。在寺庙的选址上笔者将其归纳为城镇寺庙、山林寺庙和宫殿寺庙三种。首先，耆那教寺庙本就多由富裕的居家信众捐建或由社区教团集资建造，与当地群众的日常生活联系紧密，同时在普通群众的社会生活中发挥着商会、医院和公益机构等多种职能。因此，耆那教寺庙，往往选择建造在人声鼎沸的城市和乡镇中，这种城镇寺庙是最常见的寺庙选址方式。其次，因受到耆那教山体崇拜思想的影响，很多耆那教寺庙都选址于风景优美的名山大川中。很多地方自古就是著名的宗教圣地，甚至聚集了数种宗教，香客络绎不绝。将寺庙建在圣地不仅出于修行者和朝圣者的需要，也有利于进一步提高其宗教影响力。而另一类山林寺庙的出现则是由于伊斯兰教势力的排挤和驱赶。伊斯兰教统治者为巩固其自身的宗教地位而在占领区排斥一切异教，他们肆意拆毁异教寺庙，屠杀异教僧侣。将寺庙建在被破坏可能性较小的深山野岭，是一种对强权的无奈逃避。最后，建造在王宫之中的宫殿寺庙在耆那教寺庙建筑中是最少见的一种选址方式。在被伊斯兰教势力攻占后，这些宫殿连同寺庙大都一并摧毁，至今少有遗存。

在寺庙的建筑布局上，笔者依据寺庙规模和寺庙与周边建筑环境的关系，将其区分为点式空间布局、线形式布局和院落式布局三种形式。小型的耆那教寺庙因体量较小，通常表现为点式布局。这一类小型寺庙多见于圣地寺庙城和小型耆那教社区中，虽然在占地面积和建筑高度上往往不及周边寺庙和其他建筑，但也正是由于其造型小巧、布局紧凑，反而更能适应复杂地形，寺庙的造型也更加灵活自由。这类寺庙往往形式最为多样，建筑造型丰富多彩。中型的耆那教寺庙一般采用线形式布局，沿轴线由外至内通常由门廊、前厅、主厅和圣室四部分组成。因已有相对固定的空间布局形式，所以对建筑场地有一定要求。大型的耆那教寺庙常表现为院落式布局。耆那教现存的大型寺庙不多，但它们都极为壮观华丽，更多地体现了耆那教寺庙有别于其他宗教建筑的自身特征，代表了耆那教寺庙建筑的最高水平（表3-1）。

表3-1 耆那教寺庙布局特点汇总表

| 寺庙规模 | 寺庙构成 | 布局模式 | 空间类型 | 布局特点 |
|---|---|---|---|---|
| 小型寺庙 | 圣室、（柱厅）、门廊 | 点式空间布局 | 点式 | 见缝插针，灵活自由 |
| 中型寺庙 | 圣室、主厅、前厅、（门廊） | 线形式布局 | 线式 | 模式固定，布局规整 |
| 大型寺庙 | 圣室、主厅、前厅、（门廊）、围廊 | 院落式布局 | 院落 | 规模宏大，超群绝伦 |

# 第四章 耆那教寺庙建筑的类型与架构

## 第一节 耆那教寺庙的类型

## 第二节 耆那教寺庙的架构

## 第一节 耆那教寺庙的类型

### 1. 锡卡拉式寺庙

锡卡拉（Shikhara）的本意是山峰的意思，后来逐渐出现了一种模仿山体造型的塔形构筑物，并大量使用在宗教建筑上，成为印度独有的一种传统建筑形式。在耆那教寺庙建筑中锡卡拉象征着圣山，大多建在寺庙的圣室或圣龛顶部。高耸的锡卡拉作为寺庙建筑垂直方向上的延伸，蕴含了神圣的宗教寓意，充满了向上飞升的动势。锡卡拉式塔顶截面多为"亚"字形或方形，由下往上逐渐收缩，正投形外轮廓线呈现为一柔和的曲线，整体造型类似竹笋或玉

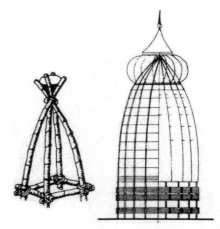

图 4-1 锡卡拉式屋顶的起源

米。塔顶表面常雕刻有线脚、几何纹理和细部装饰，顶部以一法轮形式的圆饼状盖石收尾。锡卡拉式塔顶最早可能源自先民用以遮蔽神龛或祭坛的临时构筑物，后逐渐被赋予宗教寓意，形成了一种被广泛接受的建筑形式，并使用砖石建造成为寺庙建筑的一部分（图4-1）。这种建筑形式最早在印度教神庙建筑中大量使用，后被耆那教寺庙建筑吸收，并在细部装饰方面加入了一些自身宗教的元素。

锡卡拉式耆那教寺庙流行于印度北部地区和南部个别城镇，集中在拉贾斯坦邦、古吉拉特邦和中央邦部分地区，是耆那教寺庙最主要的一种建筑类型。这些地区的寺庙虽然在形式和造型上都有一定的差异，但它们的共同特点是在圣室上建有高耸的锡卡拉式塔顶，并作为建筑的制高点统领全局。人们在很远的地方就可以看到寺庙高高耸立的锡卡拉，锡卡拉不仅吸引着周边的潜在信众，也成为各地区的标志性建筑物。这些寺庙的锡卡拉式塔顶多为10—13世纪流行于印度中西部地区的色柯里式。10—13世纪是印度中西部地区耆那教蓬勃发展的黄金时期，而广泛吸收并使用当时的流行样式与该地区耆那教寺庙建筑的发展相符合。色柯里式锡卡拉塔顶截面为"亚"字形，往上逐渐收缩，顶部为一个法轮状盖石。在位于中央的主体锡卡拉四面还雕刻有造型相似的小锡卡拉。四周的众多小锡卡拉

层层叠叠，簇拥着中心的主塔，造型充
满动感，非常壮观（图4-2）。锡卡拉
塔身上都雕刻了精美的纹理和凸出的线
脚，有些更加精致，还在四面雕出壁龛。
与同时期印度教神庙的锡卡拉式塔顶相
比，除了在塔身四周表现神祇的雕刻不
同外，耆那教寺庙的锡卡拉常常在塔身
与法轮的交接处的四面雕刻双手作托举
状的人物造型，这一造型也常被雕刻在
寺庙内石柱的柱头上（图4-3）。

　　寺庙的锡卡拉都建在圣室上，因此
锡卡拉在寺庙中的位置分为末端式和中
心式两种。前者即锡卡拉位于主体建筑
序列的最后端，这也由圣室在建筑布局
中的位置决定。参观者进入寺庙后，由
门廊至华美的前厅、主厅，最后到达最
神圣的圣室。沿着中央轴线，各个房间
的等级逐步提高，有一种渐入佳境式的
观感和体验。递增的模式体现在寺庙外
部，则表现为由前端至末端建筑高度的
逐步增加。由低矮的门廊到前厅、主厅
的穹顶，最后则是高高耸立的锡卡拉，
层次分明而又和谐统一。主体锡卡拉位
于全寺中心的中心式则是对应着圣室位
于寺庙中心的十字形寺庙布局，是耆那
教寺庙所特有的形式。在印度教神庙中
虽然也有少数锡卡拉建在中央位置的寺
庙，但由于印度教神庙建筑中圣室的封
闭性，它不可能在多个方向直接连接柱
厅。因此在平面构成上锡卡拉并不处于

图4-2　色柯里式锡卡拉塔顶

图4-3　双手托举状人物雕刻

神庙的几何中心，而是必然要偏于一边。

总而言之，主要流行于北部的锡卡拉式寺庙是耆那教寺庙建筑中最主要的类型。这类寺庙在圣室上建有高耸的锡卡拉塔顶，作为统领全寺的构图中心。锡卡拉这一高大壮观的造型，极具神秘庄重的宗教气氛和厚实稳重的雕塑感。人造的"山峰"拔地而起，充满了向上飞升的动势，寄托了广大信众的美好愿景。

### 2. 纪念塔式寺庙

纪念塔是耆那教寺庙建筑中非常独特的一种建筑类型，塔式寺庙纪念性强，巍峨耸立的石塔凌驾于周围建筑之上，远远望去蔚为壮观。建造塔形建筑往往比在平地上搭建寺庙更加费时费力也更为困难，所以这种寺庙形式并不普遍。在印度北部地区，塔式寺庙多为5~7层，且能上人，顶部是一个宽敞的观景厅。纪念塔外壁四面都雕刻有精美的祖师神祇，其间以绵密的几何图案作为装饰。在印度南部地区，纪念塔的形式则演变简化为一种称为"玛那斯坦哈"（Manastambha）的纪念柱。因为建造一根纪念柱要远比建造一座纪念塔容易，所以这种简化形式在印度南部得到了广泛的运用，几乎每座耆那教寺庙的入口前都要立上一根纪念柱。

在拉贾斯坦邦的奇陶加尔城堡（Chittaurgarh Fort）里现存一座非常壮观的纪念塔。这座纪念塔建于13世纪，由当时的王公出资建造，并献给初代祖师阿迪那塔（图4-4）。塔高24米，共有7层，由当地产的石材建造。塔身截面为"亚"字形，下部较为敦实，上部略有收分，最顶层则建一四面出挑的观景厅。纪念塔第2层的外壁四面都雕刻有精美的圣龛，龛内供奉着阿

图 4-4　奇陶加尔耆那教纪念塔　　图 4-5　塔身上精美的圣龛

迪那塔的圣像，圣龛两旁则雕刻着作为护卫的神侍（图4-5）。其余各层也都雕刻有祖师神祇和一些神侍，其间装饰以精美的花纹图案。

观景厅四面出挑，平台的石柱之间装饰以华丽的弓形装饰物。塔内雕刻不如外壁细致，只在石柱和石梁上有一些华丽的装饰图案。在城堡内还有一座建于15世纪、供奉毗湿奴的印度教纪念塔。此塔仿照耆那教纪念塔而建，总高36米，共有9层，用于纪念王公在与伊斯兰教入侵者之间的战争中取得的胜利（图4-6）。在奇陶加尔城堡，我们再次看到了耆那教与印度教建筑并存的现象，城堡的王公本是信仰印度教的，但对耆那教宗派却持有相当宽容的态度。两种宗教都没有驱逐彼此，宗教自由得到了最大限度的保障。宽容自由的文化环境和伊斯兰教势力入侵的时代背景，使得两座纪念塔更加稀有和珍贵。

古吉拉特邦的艾哈曼德巴德有一座类似的纪念塔，此塔于殖民时期由当地富商出资建造。纪念塔仍运用曼达拉图形设计平面，通体由石材建造。造型上主要仿照了中世纪时的纪念塔形式。塔身外壁上也雕刻有祖师神祇和精美的装饰，塔内供奉祖师圣像。这座石塔的造型与先前的纪念塔相比显得有些单调呆板，塔内外的雕刻也远不如早期精致（图4-7）。

图4-6　奇陶加尔印度教纪念塔　　图4-7　艾哈曼德巴德耆那教纪念塔

### 3. 巴斯蒂式寺庙

在印度南部地区,寺庙通常被称做巴斯蒂( Basti ),"Basti"源自于梵文"Vasati",是指连接神灵和僧侣的住所。此处用其特指南部地区那些使用坡屋顶、与北部地区有很大差异的耆那教寺庙建筑形式,实际上是一种多檐式寺庙建筑。巴斯蒂式寺庙是印度南部地区最流行的一种耆那教寺庙类型,通常寺庙都建在一个砖石台基上,使用石柱或木柱,其上为木结构的坡屋顶。平面布局从外至内,主要仍然为门廊、前厅、主厅和圣室,只是在门廊前大多立有一根高耸的纪念柱。这些使用坡屋顶和木结构的寺庙与北方地区砖石结构寺庙的建筑风格完全不同,却更像尼泊尔和斯里兰卡的寺庙建筑。这大概归因于印度南部地区湿润多雨,与内陆地区干燥少雨的气候条件不同,在气候上更加接近于尼泊尔和斯里兰卡,在相似的气候条件影响下便产生了相似的建筑风格。南部地区潮湿多雨且虫蚁滋生,砖石台基可以起到防潮的作用,石质的柱子也可以防潮和防蛀,使用坡度很大的屋顶则有利于在雨季时快速地排水。寺庙形式在外部为了适应当地环境做出了些许变化,但在本质上仍然体现了耆那教的宗教思想,这一点与北部地区的寺庙是一致的,同时也反映了耆那教无与伦比的适应性。

位于卡纳塔克邦耆那教城镇慕达贝瑞( Mudabidri )的昌达那塔庙( Chandranatha Basti )就是这种寺庙形式的典型代表。慕达贝瑞是一座主要从事农业生产的小镇,居民历来大多信仰耆那教,因此逐渐形成了一座著名的耆那教城镇。城中共有建于不同时期的18座耆那教寺庙,各座寺庙外观基本类似。其中最大的一座就是建于15世纪初、献给第八代祖师昌达那塔的昌达那塔庙[1]( 图4-8)。进入矩形的院墙,首先是一根16米高的石质纪念柱,柱顶雕刻有护卫神侍。纪念柱后就是主体寺庙,寺庙整体建在一个约1米高的基座上,并建有外廊,基座做成须弥座的形式,并雕刻有表现战斗和狩猎场景的浮雕( 图4-9 )。寺庙最前端是一个精致的曼达拉式柱厅,台阶两旁还放置有两尊象征力量的石象。石柱造型古朴,并有印度南部地区常见的八角形抹角,部分石柱上还雕刻有神侍和大象图案。屋顶共有两层,第一层为石质屋面,在其顶上再建有一层木屋架。屋面通过斜撑向外挑出,并有倾斜的栅格窗,屋顶装饰着鎏金锥形装饰物。这种屋顶与尼泊尔比较常见的木结

---

1　George Michell. Architecture and Art of Southern India [M]. Cambridge: Cambridge University Press, 2008.

图4-8　慕达贝瑞昌达那塔庙

图4-9　基座上表现狩猎场景的浮雕

构寺庙的屋顶形式非常类似。紧连着曼
达拉式柱厅的是另外两间小些的柱厅，
在它们的天花上都雕刻有类似北部地区
寺庙的那种极为华丽的藻井，但不及北
部地区的豪华，这是由南部教派反对过
度装饰的宗教思想所决定的（图4-10）。
寺庙的圣室位于轴线的最末端，高出之
前的各个柱厅，以突出圣室的核心地位。
在外部看来共有三层，但内部实际上并
不做分割，高耸的室内空间是为了摆放
高大的昌达那塔立像。圣室共有三层屋
面，第一层仍为石屋面，其上两层为与
先前类似的木结构屋面。

图4-10　寺庙柱厅内的藻井

### 4. 贝杜式寺庙

　　贝杜式（Petu）寺庙是印度南部地区较为常见的一种耆那教寺庙类型。"贝杜"
并不建造大型房屋，一般只是在场地中央建造一座巨型的圣人巴胡巴利雕像，围
绕巨像建有一些辅助设施和简单的厅舍。大型的贝杜在印度南部地区共有5处，
而一般民居常常将其简化，在自家院院中建造一座圣坛并供奉巴胡巴利雕像，就
好似一座小型的贝杜。印度南部地区的耆那教徒大多属于天衣派，贝杜这种建筑
形式的出现主要即是受到了天衣派宗教思想的影响。天衣派在南部地区又被称为
严谨教派，他们提倡并坚持更加严格的遵守大雄的教谕。天衣派的僧侣被要求放

弃一切世俗生活，不能结婚生子，不能拥有物质财富，只能乞讨为生，必须不断地从一城镇步行到另一个城镇寻求施舍并讲布教义。他们认为如果僧侣一旦在一个地方定居下来，就会不可避免地被世俗化，会去积累财富，变得功利，从而违背了最初的教义，也达不到最终灵魂解脱的目的。最能说明天衣派苛求教义的事例莫过于南方天衣派宗教大师巴哈那巴胡（Bhadrabahu）游历北方教区时的言论，他曾公开指责白衣派僧侣穿着衣服是对教义的不敬和宗教腐败的标志。客观上讲南方气候终年温和湿润，僧侣们裸体修行自然并无大碍，但在北部地区冬季气温较低，强求僧侣裸体似乎不太现实[1]。

正是在天衣派思想的影响下，南部地区的耆那教寺庙大多朴实简单，反对过度装饰，普遍不及北部寺庙豪华精美。贝杜这种寺庙形式并不是为了让僧侣定居下来，而只是作为其短暂的停留地，并作为一种纪念物在精神上鼓舞信徒。建于卡纳塔克邦耆那教朝圣中心卡卡拉（Karkala）的贝杜就是这种寺庙形式的典型代表（图 4-11）。寺庙建于 14 世纪，建造在一座岩山顶部的平地上，并从山脚下凿出 400 多级台阶通达山顶。登上山顶后，首先映入眼帘的就是在院墙外就能看到的巴胡巴利圣像。巨像由白色石材雕刻而成，共 13 米高，安置在一座方形圣坛上。南部的圣人巴胡巴利塑像都是一式的造型，全都赤身裸体，并摆出双手下垂、目视远方的姿势。圣人的胳膊和大腿缠满藤蔓，脚下的圣坛则是象征巴胡巴利修行

图 4-11　卡卡拉耆那教贝杜寺　　图 4-12a　卡卡拉贝杜寺入口处的纪念柱　　图 4-12b　北部地区印度教神庙入口处的纪念柱

1　官静. 耆那教的教义、历史与现状 [J]. 南亚研究，1987（10）：40-44.

时所站的蚁穴，寓意着巴胡巴利完全战胜了自我，获得了伟大的胜利。寺庙入口
处立有一根不高的石质纪念柱，柱顶端坐着护法神侍，这种石柱在北部地区的印
度教神庙中很常见（图 4-12）。进入寺门，巨像前是一根高耸的旗杆，巨像后建
有一些提供给僧人休息的简单屋舍，除此以外再无其他。

### 5. 瞿布罗式寺庙

瞿布罗（Gopura）式寺庙主要见于印度
南部地区，其流行程度远不及巴斯蒂式和贝
杜式。瞿布罗原意是楼门的意思，指楼阁式
的高大城门。从字面上可以看出这一类寺庙
的典型特点就是拥有一个楼阁式的高大楼
门。瞿布罗式寺庙原本是南方印度教神庙的
典型形式，寺庙入口处的楼门为全寺的表现
重点（图 4-13）。楼门高高耸立，基座正中
开有寺庙的大门。早期整个楼门使用石材建
造，因此不能建得太高，一般只建 3~5 层；
后期只有基座使用石材，上层建筑使用砖块
砌筑，其外涂抹灰浆，并逐层收缩。每层都
遍布泥塑，塑像多为大仙、力神或者代表世
俗生活的国王和武士。为了防潮并起到装饰

图 4-13  印度教瞿布罗式神庙

作用，基座以上部分都绘有油彩，色泽艳丽。因为使用了砖砌、泥塑的建筑方式，
后期塔门的体量往往能做得很大，一般都能做到 10 层以上，远远望去非常壮观。

在南印度部分地区，耆那教教徒模仿当地的印度教神庙形式修建自己的寺
庙，于是就出现了瞿布罗式的耆那教寺庙。这类寺庙数量不多，且并未摆脱印度
教神庙建筑的影响，在造型和布局上没有体现太多自身宗教的建筑特点，只有
在雕刻和塑像上才能分辨彼此。在临近马德拉斯邦（Madras）首府的康琪普纳姆
（Kanchipuram）建有一座这种类型的耆那教寺庙（图 4-14）。寺庙始建于 12 世纪，
后在 17 世纪时进行了大规模修缮。入口处的楼门是整座寺庙的表现中心，人们在
刚进入小镇时就能远远望见寺庙高耸的楼门，走到近处更加被它的高大壮观所折
服。楼门共有 11 层，最下面两层为石材建成的基座，正中位置开有约 7 米高的大门。

基座往上是由砖块砌筑的楼阁式造型，共有
9层，逐层收缩，每层外部都为泥塑的屋舍
和神侍造型，楼门顶部建有圆拱形的屋顶。
每一层正中位置都开有小门，层高也逐层降
低，这种利用透视原理的手法使得楼门看起
来更加具有一种高耸入云的气势。除了石材
建成的基座外，楼门的其他部分为了防潮都
做了粉刷。进入寺庙为2个简单的柱厅，大
厅中央开有中庭。相比该地区印度教的瞿布
罗式神庙，整个寺庙除了门楼的装饰简单很
多，部分反应宗教题材的人物雕刻和所供奉
的神祇不同外，其他并无太多区别。

图4-14 康琪普纳姆耆那教寺庙

## 第二节 耆那教寺庙的架构

　　虽然耆那教寺庙建筑具有多种多样的建筑类型和丰富多彩的造型艺术，但长
久以来建筑学界和艺术史家们似乎对其缺乏足够的重视。这种现象除了因为耆那
教派相对于印度其他宗教人数不多且自身活动较为低调外，也由一些客观原因所
决定。一方面，如果单独地比较某一处雕刻或人物造像，耆那教寺庙建筑不如印
度教和佛教建筑的雕塑精致生动，其祖师造像更是造型雷同，乏无可陈。因此，
在微观上看，它并不出众，难以引起人们的关注。另一方面，在耆那教寺庙中包
括"锡卡拉"在内的大部分建筑元素都源自印度教神庙建筑，虽然在漫长的岁月
中对其进行了一定的改良和发展，但仍然相对缺乏能彰显自身特色的建筑形式，
因而在宏观上其寺庙建筑不能引起足够重视。诚然，耆那教寺庙建筑存在着薄弱
环节，然而其寺庙建筑取得的独特价值却在于它的"一体化"。为了阐明这一点，
笔者将抽象的耆那教寺庙建筑分解为四种架构，分别为：宗教寓意、雕塑体系、
内向空间和框架结构。这四种基本架构完美地融合在同一座寺庙中，互为依托、
相辅相成，统一于整个寺庙建筑之中。

**1. 宗教寓意**

　　提到耆那教寺庙的宗教寓意，首先跃入脑海的就是锡卡拉式寺庙中高耸壮丽的锡卡拉尖顶，这一造型深入人心，已经成为其寺庙建筑的典型形象。锡卡拉通常建在寺庙圣室和神龛的顶部，象征着位于宇宙中心的圣山，带给信众神圣的力量，作为寺庙建筑最醒目的竖向构图，强调了作为寺庙核心的圣室的位置和重要地位。象征圣山的锡卡拉尖顶让人印象深刻，但主要流行于印度北部和南方局部地区，就整个印度次大陆的耆那教寺庙建筑来说就锡卡拉并非普遍使用的象征手法，在更广泛范围内使用的则是在寺庙的平面设计中体现的曼达拉图形。

　　曼达拉（Mandala）又常译为曼陀罗、曼荼罗等，在梵语中本意指圆形，国内相关专著常意译为坛城、轮圆具足等。曼达拉是佛教和印度教中常见的宗教图案和平面图形，象征着宇宙的缩影。而 Mandala 这个词中 Manda 有本质、本源的意思，La 是后缀，指包含、包容，代表了包含世间一切真理的宗教含义。最基本的图案是一个具有中心点的圆形，并在四边开有方形城门，后来逐渐出现圆形、方形等多种图案。曼达拉最早应该来源于印度本土的一些宗教思想和宇宙观，后来主要被佛教和印度教吸收并得到了进一步发展，演化出多种图形和应用。曼达拉最初用于绘制一些具有宗教象征的图案，僧人们依此把修行用的土台建造成曼达拉的形式。后来这种图形被宗教建筑广泛采用，形成了多种固定的平面格局。柬埔寨的吴哥窟，印度尼西亚的婆罗浮屠，很多藏传佛教建筑如红教的桑耶寺、白教的白居寺、黄教的布达拉宫红宫部分、大昭寺等著名建筑都按曼达拉的格局设计建造。在耆那教寺庙建筑中主要吸收了印度教中关于曼达拉的宗教思想和建筑形式，寺庙的圣室和柱厅多依据曼达拉图形来设计平面，以象征自身宗教蕴含了世间的一切真理（图 4-15）。

如上文提及的建于拉贾斯坦邦耆那教圣地拉那普尔的帕莎瓦那塔庙就是使用曼达拉图形进行寺庙平面设计的典型实例。寺庙建于 13 世纪初，在前厅的两旁又建

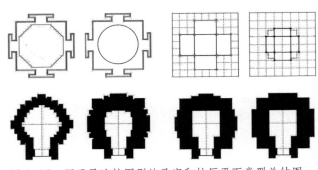

图 4-15　源于曼达拉图形的圣室和柱厅平面类型总结图

有 2 个供奉圣坛的柱厅,是造
型非常特殊的耆那教寺庙。它
的圣室和柱厅均使用曼达拉形
平面,建筑造型充满动势、富
于张力,也象征了无穷的智慧
和力量(图4-16)。

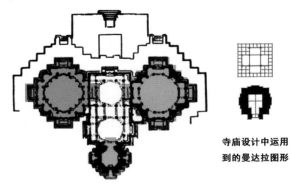

寺庙设计中运用
到的曼达拉图形

图 4-16　帕莎瓦那塔庙曼达拉图形应用示意图

　　除此以外,依据曼达拉图
形进行的寺庙设计还体现在寺
庙的空间布局上。这种设计主
要依据的是一种被称为帕那马萨伊卡曼达拉(Paramashayika Mandala)的正方形
曼达拉(图4-17)。帕那马萨伊卡曼达拉本是来源于印度教,它共被分为81个
小正方形,每边各有9个。曼达拉最中心的9个小正方形代表创造神梵天,象征
着永恒和真实。中心区域四面各自代表印度教中的主要神灵,等级略低于居于核
心的梵天大神。再向外,四周剩余的小正方形则各自代表其余大小神灵。这种反
映印度教宇宙观的模型被耆那教吸收后,用于其寺庙建筑的空间规划,并主要体
现在十字形的寺庙布局上。曼达拉正中由9个正方形构成的核心区域被用于安置
寺庙最重要的圣室,紧邻核心区域的外围部分则作为连接圣室的主厅,然后再依

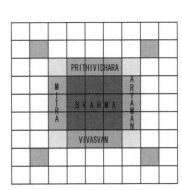

图 4-17　帕那马萨伊卡曼达拉

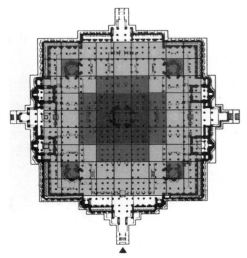

图 4-18　阿迪那塔庙应用帕那马萨伊卡
曼达拉图形示意图

次向外排布前厅和门廊，四周则围以回廊。耆那教最著名的拉那普尔阿迪那塔庙就是体现这种空间规划的最典型实例（图4-18）。这种最早在印度教中产生的曼达拉模型却没有在印度教神庙建筑中进行广泛的实践，却在耆那教寺庙建筑中结出了果实，着实让人感叹。

## 2. 雕塑体系

在大部分印度教神庙建筑中，雕刻是整座寺庙的精髓，因为神庙本就是建来供奉某些特定的神灵的，是神在人间的居所。在湿婆神庙中，雕刻的主题是表达湿婆的英明神武和世人对他的崇拜，主要造型多为湿婆大神施法显灵的身姿或接受各路神侍的朝觐。同样，在毗湿奴神庙中也大抵如此，只是换了主体对象罢了。雕刻作品本身就是其宗教文化的最直观表达，因此成为不懂梵文的广大中下层信众的活经书。广大信众也相信一座神庙对大神的雕刻越是生动形象，居住在神界的神灵就越容易降临于此，这座神庙也就越灵验。因此，在印度教神庙中往往遍布精美细致的大神雕刻，讲述大神的传奇故事，而雕刻作品的精致程度也成为评价一座神庙优劣的主要标准（图4-19）。到了中世纪，雕刻作品的重要程度甚至超过了印度教神庙建筑本身，成为最重要的建筑元素。神庙的雕刻成了人们最关注的焦点，散布四处的精美雕刻分散了信众的注意力，神庙最核心的圣室却缺少足够的吸引力。整座神庙的结构显得非常松散，缺乏凝聚力。

如果单独比较某一处的雕刻，耆那教寺庙的雕刻作品在丰富程度和精美程度上常常都不如印度教神庙，而在神祇的雕像上也远不如佛教寺庙造型丰富、生动传神。然而

图4-19　印度教神庙中居核心地位的神灵雕刻

在耆那教寺庙建筑中，它的雕塑并不仅仅具备独立价值，相反，它们更多地体现了其整体价值。寺庙所有的雕刻构成了一个有机的整体，服务于整个建筑空间。耆那教寺庙本身就是一件大型的雕塑作品，一个层次分明的雕塑体系。众所周知，耆那教原本就是一个信仰无神论的宗教。虽然寺庙逐渐引入了祖师神祇进行崇拜，但耆那教的祖师无论传说人物和历史人物都是实实在在的人类，他们既没有三头六臂也不会腾云驾雾。耆那教寺庙的雕刻作品也大多是表现祖师冥想坐禅，虽然也吸纳了不少异教的神侍形象，但始终不及印度教雕刻那样充满神话色彩。这一宗教特质决定了耆那教寺庙不会像印度教神庙那样里里外外都遍布表现神话传说的雕刻。耆那教寺庙的繁复华丽的雕刻相对于印度教神庙中雕刻的叙事作用，更多地则是起到纯粹的装饰功能，服务于整座寺庙空间（图4-20）。寺庙中从门廊至各个柱厅的细部装饰，从遍布几何纹理的石梁柱到富丽堂皇的穹顶藻井，无一不是为了衬托和拱卫最核心的圣室，也只有圣室才会放置规格最高、体量最大的祖师神祇。正是由于整个雕塑体系的共同作用，寺庙具有明确的向心性，由外至

图4-20　耆那教寺庙起装饰作用的人物雕刻　　图4-21　装饰性雕刻用以烘托圣室的核心地位

内层次分明，结构也显得非常紧凑（图 4-21）。

### 3. 内向空间

　　耆那教寺庙建筑的空间内向性与印度次大陆上的其他宗教建筑显著不同，却有些类似中东的伊斯兰教建筑。绝大部分耆那教寺庙，甚至是那些具有重要地位的寺庙通常隐藏在城市肌理之中，它们与周围建筑相融合，并不具备引人注目的外观。但人们一旦走进寺庙，便会被它豪华富丽而又纯净圣洁的内部空间所深深吸引。尤其大型的院落式寺庙更是如此，不仅建筑外部富于动感的造型和精美的雕刻，建筑内部也都精雕细琢，甚至比寺庙外部更加华丽。

　　在这一点上耆那教寺庙与印度教神庙形成了鲜明的对比。如果说耆那教寺庙具有一种谦逊的空间内向性，那么印度教神庙则表现为一种张扬的空间外向性。印度教神庙多标新立异，务求在周围建筑中突出自己，以彰显其教派的雄厚实力。神庙体量宏大，造型极具动势，塔顶高耸入云。建筑外壁遍布精致的雕刻和让人眼花缭乱的细部装饰。寺庙内部空间往往让人压抑，室内装饰相对于神庙的外观简洁单调（图 4-22）。

　　造成这种差异的原因除了宗教实力的强弱有别外，其实更多地是受到了各自宗教思想的影响。印度教神庙是服务于"神"的建筑，人们建造起壮丽的神庙是为了祈求神灵的庇佑，神庙首先作为神在人间的居所，人在其内顶礼膜拜以取悦神灵、祈求赐福。神庙外观越是宏伟壮丽，便越能取悦神灵，也就越灵验。而神庙内则是提供给神明休憩的居所，因此必须向人们传达神的威严。为了创造神秘庄严的宗教氛围，大多数印度教神庙在外面看来虽然具备雄伟的体量，但进入寺庙没有与之对应的内部空

图 4-22　印度教神庙阴暗压抑的柱厅

间，殿堂内都阴暗潮湿，非常压抑。

耆那教寺庙都是为"人"而存在的，更具人文精神。首先，耆那教并不信仰神，所供奉的祖师是人类，不具有神力；其次，耆那教训导教徒刻苦修身、一心向善，积极引导人性，并不宣扬

图 4-23　耆那教寺庙宽敞明亮的柱厅

高深莫测的玄秘。耆那教寺庙本身作为一个提供给僧侣和教徒进行宗教教育和活动的公共空间，必须适用（图 4-23）。因此，与印度教神庙建筑相反，耆那教寺庙在印度的诸多宗教建筑中创造了最为富丽堂皇的内部空间。它的内在一般都符合它的外观，甚至要比外观更加让人惊叹。耆那教寺庙受到积极引导人性的宗教思想影响，因此它的室内空间相比其他宗教建筑更具开放氛围，宽敞明亮，让人心情愉悦。总而言之，耆那教寺庙多具备内向空间的特质，外观并无太多惊奇之处，但内部空间却富丽堂皇而又神圣庄重，生动形象地表现了安详富足的彼岸世界图景。

### 4. 框架结构

耆那教寺庙建筑的"框架结构"也让人印象深刻。各地的耆那教寺庙都使用梁柱体系，绝大多数是由石材加工成的石梁、石柱。石柱立在柱础上，柱身之上连接柱头，柱头上支承横梁，再由横梁支承穹顶或屋顶。这种结构体系有些类似古希腊的石构神庙，又很像中国和日本的木构建筑，似乎完美地融合了两者，却又能看出现代建筑结构体系的影子。耆那教寺庙的各个柱厅、圣室和围廊都使用这种梁柱体系（图 4-24）。柱子样式众多，各地区、各寺庙都不相同。石柱上多雕刻有造型繁多的神侍形象，甚至同一座寺庙中也找不到完全一样的两种图案。

横梁、天花和穹顶密布精美华丽的花纹和图案。

除此之外，耆那教寺庙中的框架结构还是膜式装饰和流动空间的完美结合。寺庙中无论内外大多精心雕琢了繁复细致的几何纹理、人物雕刻和细部装饰物，而通常又以内部空间更为出众。这些雕刻都以石柱、石梁、墙体和穹顶等作为载体，北部地区的寺庙中比较常见的弓形装饰物则被安置在两根石柱之间。雕刻和装饰物构成了一层华丽的薄膜，附着在寺庙建筑的结构体系上，笔者将这种雕刻与结构体系的耦合关系概括为膜式装饰。寺庙建筑最基本的框架结构是其灵与骨，而精美绵密的雕刻和装饰则是其血与肉（图4-25）。

在框架结构体系中最吸引人的是充满动态和朦胧美的流动空间。首先，寺庙内外通过绵密装饰的包裹，模糊了体量间的界限以及内外的区别和空间上的限定，使得整个空间充满了活力。其次，在院落式寺庙中，柱厅和围廊常常做开敞式的处理，彼此互通、联系紧密。在以拉那普尔的阿迪那塔庙为代表的十字形布局的寺庙中，更是把这种流动空间做到了极致。寺庙内部空间均互相开放，平面布局

图4-24　层次分明的结构体系

图4-25　包裹着结构体系的细部装饰

自由，没有被限定死的流线。光线也从采光口和庭院被引入室内，流动的光影便成为最好的画笔，凸显出了寺庙内交织流动的空间。

## 小结

笔者按耆那教寺庙在各地区流行的主要形式，将其分为锡卡拉式、纪念塔式、巴斯蒂式、贝杜式和瞿布罗式。其中锡卡拉式和纪念塔式主要见于印度北部受白衣派影响的地区，锡卡拉式更是全部耆那教寺庙建筑的最主要形式和集大成者。各个地区的寺庙虽然在形式和造型上都有一定的差异，但它们的共同特点是寺庙都在圣室上建有高耸的锡卡拉式塔顶。纪念塔式寺庙实例较少，但其造型特殊，轻盈美观，因而具备一定的研究价值，故也将其列为一类。巴斯蒂式、贝杜式和瞿布罗式寺庙主要见于印度南部流行天衣派的地区。巴斯蒂式寺庙是印度南部地区最流行的一种耆那教寺庙类型，实际上是一种多檐式寺庙建筑。通常寺庙建在一个砖石台基上，使用石柱或木柱，其上为木结构的坡屋顶。贝杜式寺庙也是南部地区较为常见的一种耆那教寺庙类型。"贝杜"式寺庙并不建造大型房屋，一般只在场地中央建造一座巨型的圣人巴胡巴利雕像，并围绕巨像建有一些辅助设施和简单的厅舍。瞿布罗式寺庙在南部地区的流行程度不及巴斯蒂式和贝杜式。瞿布罗原意是楼门的意思，指楼阁式的高大城门。瞿布罗式寺庙本是南方印度教神庙的典型形式，一些地区的耆那教徒也模仿当地的印度教神庙形式修建自己的寺庙，于是就出现了瞿布罗式的耆那教寺庙。

耆那教寺庙的类型众多，将其一一分析不免拖沓繁琐。笔者从宏观层面出发，将抽象的耆那教寺庙进行解构，将其分解为宗教寓意、雕塑体系、内向空间和框架结构四种组织架构，分析其寺庙建筑的特征。首先，除了建在寺庙圣室和神龛的顶部，象征着圣山的锡卡拉外，更广泛范围内使用的象征手法则是主要在寺庙的平面设计中体现的曼达拉图形。其次，耆那教寺庙本身就是一件大型的雕塑作品，一个层次分明的雕塑体系。在耆那教寺庙建筑中，它的雕塑并不仅仅具备独立价值，相反它们更多地体现了其整体价值。寺庙所有的雕刻构成了一个有机的整体，服务于整个建筑空间。再有，耆那教寺庙建筑的空间内向性与印度次大陆上的其他宗教建筑显著不同。绝大部分耆那教寺庙，都隐藏在城市肌理之中，与周围建筑相融合，并不具备引人注目的外观，但一旦人们走进寺庙立即会被它豪华富丽而又纯净圣洁的内部空间所深深吸引。不仅建筑外部富于动感的造型和精美的雕刻，建筑内部也都精雕细琢，甚至比寺庙外部更加华丽。最后，各地的寺庙都使用梁柱体系，石柱之上连接柱头，柱头之上支承横梁，再由横梁支承穹顶或屋顶。这种结构体系有些类似古希腊的石构神庙，又很像中国和日本的木构建筑，似乎完美地融合了两者，却又能看出现代建筑结构体系的影子。

# 第五章 耆那教艺术与其寺庙建筑的细部装饰

## 第一节 耆那教艺术

## 第二节 耆那教寺庙建筑的细部装饰

## 第一节　耆那教艺术

国内外论及印度耆那教艺术的文献和研究比较少。客观上讲耆那教不管是在雕刻、绘画或者是宗教建筑方面所取得的成就都不如印度教和佛教，这或许归因于耆那教在印度的影响力远远不足，因而保存至今的历史遗迹也有限。虽然关于耆那教艺术的文献资料不多，但从现存的古迹中可以想见耆那教曾经的辉煌。耆那教寺庙富丽堂皇的装饰与开敞明亮的室内空间给人以极其深刻的印象，为印度所有宗教建筑所仅见，笔者将在本章详述耆那教寺庙建筑的装饰艺术。

### 1. 耆那教的雕刻艺术

在耆那教现存的建筑古迹中主要为寺庙、石窟寺和巨型雕像，它们体现出了耆那教技艺精湛、精美绝伦的雕刻艺术。这些古迹大部分集中在拉贾斯坦邦、古吉拉特邦、中央邦、马哈拉施特拉邦和南部的卡纳塔克邦等地区，有些古迹至今仍然是香火繁盛的耆那教圣地。

在中央邦离桑奇的毗迪沙不远处建有著名的乌黛格利石窟群。这个石窟群共建有 20 处石窟，大部分为印度教石窟，其中第一和第二十号窟为耆那窟，石窟内雕刻了耆那教祖师的造像( 图 5–1 )。比之更有名气的是前文介绍过的埃洛拉（ Ellora ）石窟群，其中属于耆那教的第三十二窟是一座岩

图 5–1　石窟寺中的祖师造像

凿式石窟寺，又被称为"小凯拉撒"，此窟现今仍然为耆那教教徒朝拜的圣地。除此以外，中央邦的格温特还保存有一座建造于 15 世纪的耆那教岩凿式寺庙。寺庙中矗立有初代祖师阿迪那塔的塑像，圣像共有 17 米高，脚部就有 3 米多长。据传说该寺庙是由东格尔·辛格王发动大批劳力建造，整座寺庙由一块巨石完整地雕刻而成。

在卡纳塔克邦尔科尔的一座贝杜式耆那教寺庙中建造有一尊高达 18 米的巨型圣贤巴胡巴利塑像。巨像建于 12 世纪，造型为赤身裸体的巴胡巴利，是南印度地区的常见样式。圣贤双手下垂，目视远方，胳膊和大腿都缠绕着藤蔓，脚下

则是象征蚁穴的圣台。圣像身体比例的表现虽然欠佳，但雕塑线条流畅舒展，风格朴实[1]。每隔 15 年在这里会举行一次巴胡巴利节，以纪念伟大的先贤。附近地区的耆那教徒都要聚集于此并给巨像涂抹金粉。近年来因为耆那教影响力逐渐扩大，甚至首都德里的政要都会出席盛典。

在印度西北部地区，耆那教的影响力主要集中于拉贾斯坦邦和古吉拉特邦。北方邦也有一些耆那教的建筑设施，但并无多少古迹，现存的遗迹主要是一些耆那教浮雕。拉贾斯坦邦和古吉拉特邦有众多耆那教寺庙，它们以雕刻精美、华丽绝伦著称，其中最能反映耆那教雕刻艺术的自然是拉贾斯坦邦的阿布山迪尔瓦拉寺庙群和拉那普尔的阿迪那塔庙。这些寺庙前文均有介绍，它们的布局和形制有一定的相似之处，此处不再一一累述。在雕刻艺术方面，这些耆那教寺庙十分相似。寺庙所有的建筑部分都由白色大理石雕琢而成，因此寺庙各处都布满了精美的雕刻。部分透雕在浮雕的基础上把前景再加以镂空处理，这样就使得雕刻出来的作品显得更加生动逼真（图 5-2）。很多石柱上雕刻的图案很接近印度教神庙中的雕刻，表现有传神的神侍和造型夸张的人体形象。石柱间的弓形装饰上雕满了各式图案和纹理。细密而又精美的雕刻从柱础、柱身、柱头往上延伸，直至遍布了整个穹顶[2]。穹顶内的藻井华丽精美，是寺庙中最引人注目的地方。藻井的雕刻以环形的雕带为基础，层层相叠，中央多雕出一朵下垂的莲花。不管是石柱上还是穹顶藻井里的雕刻，都称得上是印度雕刻艺术中的精品（图 5-3）。各式图案和纹样都在大理石上雕琢而成，但在构图和造型上体现出一些木雕的手法。

在欣赏这些壮观而华丽的耆那教寺

图 5-2　生动的人物雕刻

---

1、2　王其钧.璀璨的宝石——印度美术 [M].重庆：重庆出版社，2010.

庙和精美绝伦的雕刻作品
时，不禁会让人产生疑问。
耆那教倡导的是脱俗出世
和艰苦的修行，在苦修中
锻炼自我，在忍受了肉体
和精神上的巨大折磨后，
最终才能获得自我的灵魂
解脱。既然耆那教追求的
是禁欲主义般的苦行，为
什么又要将寺庙建造得如

图 5-3　精美的藻井

此富丽堂皇？有些寺庙的僧侣解释说，耆那教教徒们之所以建造如此华美的寺庙，
是寄托了他们对美好来世的憧憬和向往。他们在现实生活中建造美轮美奂的庙宇，
即是在建造他们心目中神圣而美丽的天国。

　　从中世纪开始，印度这块孕育了
诸多宗教的古老土地开始被外来的伊
斯兰教势力逐步侵蚀。在占据了绝对
优势后，穆斯林们为了巩固自己的宗
教地位，残酷地打压了印度本土包括
印度教、佛教和耆那教在内的各种宗
教。大规模的宗教建筑活动被迫中断，
建筑技术和艺术发展也逐渐衰弱。现
今，自由开放的大环境使得耆那教的
发展又逐渐复苏，古老的技艺在这片
大地上被再次传承。除了那些著名的
耆那教圣地外，大雄及各位祖师的生
卒地、得道处、修行地，甚至印度著
名的古城古寺也都有教徒定期或不定
期地前往参拜。诸如佛教圣地那烂陀、
王舍城和华氏城等也都成为耆那教圣
地。耆那教教徒几乎每年每月都会举

图 5-4　寺庙中翩翩起舞的人物雕刻

办庆祝活动，多年举行一次的宗教盛典更是热闹非凡。他们和大多数印度群众一样既参加全国性的盛典（多为印度教节日），也出席各自地区和所属教派的宗教活动。节日期间教徒们聚集在华美壮观的寺庙里举行庆祝活动，信众们要斋戒、沐浴、讲法，还会由教派提名优秀教徒进行表彰。大家载歌载舞、欢庆一堂，也正如很多寺庙的雕刻作品中所表现的一派欢乐祥和的图景一样（图5-4），或许从遥远的古代开始，直至今天他们也未曾改变。

### 2. 耆那教的绘画艺术

早在1世纪，印度本土的诸多宗教就开始在它们各自的典籍中绘制相应的插图，这成为最早的宗教绘画作品。印度最早的书籍撰写在宽大的棕榈树叶上，并用细绳将它们固定在扁平的木板上。所以，印度最早的绘画作品即是绘制在这种棕榈叶上的。现存最早的棕榈叶绘画作品出自11世纪时制作的书籍，其中一些就来自于印度西北地区的耆那教经典。

在棕榈叶插画抄本中最著名的是大乘佛教的经文典籍，其图册中的插画大多非常精致美观。插画中所绘制的人物形象与大乘佛教的人物雕塑的风格相似，绘画作品的色彩和线条十分自然流畅，堪称一绝。但让人遗憾的是，大乘佛教的棕榈叶绘画并没有得到进一步的发展。随着伊斯兰教势力对佛教的极力打压，在12世纪左右，这种精致的绘画艺术随着佛教一起逐渐消亡了。但得益于佛教的传播，这一传统的绘画技艺被其他许多地区所继承，如尼泊尔和我国西藏地区的唐卡艺术就与佛教的棕榈叶绘画有着一定的关联。

图5-5a　13世纪时的耆那教棕榈叶绘画

与大乘佛教棕榈叶绘画的发展不同的是，耆那教的棕榈叶绘画虽然最初在相当程度上受到佛教绘画的影响，但却一直发展延续至16世纪。在佛教绘画作品的影响下，耆那教绘画大多简洁明晰、风格素朴（图

图5-5b　15世纪时的耆那教棕榈叶绘画

5-5）。14世纪，由于纸张的大量使用，耆那教绘画开始转变载体，在绘画风格上不断改进。到了16世纪之后，随着伊斯兰教细密画技艺的出现，棕榈叶绘画这一印度传统的绘画工艺最终退出了历史舞台，但耆那教绘画的风格形式却留存了下来，细密画技艺也不断与印度本土的绘画风格相融合，并不可避免地受到了耆那教绘画作品的影响。

耆那教的棕榈叶绘画之所以与大乘佛教的命运不同，也与它们自身的宗教发展情况息息相关。当大乘佛教的绘画艺术开始出现时，已经到了印度佛教发展的晚期。那时佛教注重思辨和禅修，逐渐脱离了中下层的吠舍和首陀罗阶层，同时一味追求众生平等的理念也得不到统治阶层的响应。佛教在当时的印度民众心中的地位逐渐衰弱，祸不单行，又适逢伊斯兰教势力的强势扩张，最终在这些因素的共同影响下，佛教在印度本土几乎全部消失了，就更不用说本就是为教派服务而产生的绘画艺术了。另外，佛教艺术本身更加倾向于营建寺庙和石窟寺，相比于绘画作品僧人们往往更倾心于他们的雕刻作品和造像，在其寺庙建筑中雕刻作品和佛陀造像自成一体，独立性较强。这也是大乘佛教的绘画艺术没有得到深入发展的另一个重要因素。相对于佛教的超然出世态度，耆那教一直扎根于印度社会的中下层群众，从古至今一脉相承。耆那教信徒中绝大多数都是富裕的商人，他们完全有能力将耆那教的绘画艺术持续发展下去，有些人甚至成为其绘画艺术的继承者和收藏家。在教派的要求下虔诚的商人们大都热情响应，由他们出资雇佣画匠绘制经本和图画。于是，耆那教的绘画艺术在富裕商人的资助下得以不断发展并慢慢繁荣起来。画匠们本身就各有擅长，有些人专长佛教绘画，有些人则善于绘制印度教图画。这样耆那教绘画艺术在不断发展的同时也积极吸收了其他的宗教文化，取长补短、自成一格（图5-6）。

早期的耆那教绘画作品风格简明朴实，题材主要为先贤的传说故事和民间的神话传说，重在叙事而装饰性不强。绘画用色比较简单，只是做简单的填色，所用颜色主要是黑色、白色、红色和黄色。表现方式主要以简练的素描线条作为基础，再辅以单纯的色彩作为烘托，整体画面显得精致大方、苍劲有力。内容上生动形象，充满魔幻色彩，引人入胜。耆那教绘画作品的典型特征也是其最吸引人的地方表现在它对人物形象的绘制。画匠们在描绘人物的侧脸时，常常将侧面和正面相重叠。通常，当我们从侧面看一个人时，我们只能看到这个人一侧的眼睛。而在耆那教绘画作品中，这种侧脸却要画出人的两只眼睛，画面形象显得些许怪异，

图 5-6　融合有多种风格的耆那教绘画　　图 5-7　耆那教绘画中的人物形象

但整体却给人以一种真实感和思考性[1]（图 5-7）。14 世纪时，造纸术由波斯传入印度，在随后的百年间引起了耆那教绘画艺术的重大变革。耆那教绘画从传统的棕榈叶绘画逐渐转变为纸本绘画。纸张的普及和大量使用不仅使绘制工作变得更加容易，也使得绘画作品变得更加容易保存。到了 16 世纪之后，印度与西亚的商贸快速发展，当时一种较为流行的蓝色颜料被大量引进并被用于耆那教绘画作品之中。耆那教绘画逐渐从以深红色为背景的棕榈叶绘画转变为以蓝色为背景的纸本绘画，绘画作品的背景颜色可以成为大致区分耆那教绘画年代的简单有力的特征（图 5-8）。

　　耆那教绘画早期以棕榈叶作为载体，后期使用纸张。由于使用材料的不同，使得绘制出的作品带给人不同的观感。早期绘画受到棕榈叶片尺寸大小和柔韧程度的影响，绘画作品的图

图 5-8　17 世纪时的耆那教绘画（蓝色背景色开始出现）

1　王其钧.璀璨的宝石——印度美术 [M].重庆：重庆出版社，2010.

幅和技法在很大程度上受到制约。总的说来，棕榈叶绘画无论从色彩、构图还是人物形象上看都相对简约，但造型清晰、简明扼要。而到了后期，因为纸张的形状更容易控制，同时也更加易于着色，绘画作品便突破了图幅和技法的限制。纸质绘画时期的作品不仅对人物细节的描绘更加生动形象，图画的色彩也远比早

图 5-9　晚期的耆那教绘画

期丰富多彩，构图变得自由灵活起来。新材料和新技法的使用，使得耆那教绘画可以广泛地表现各类主题，从早期的表现祖师、先贤和神怪到后期反映各类神话传说和世俗生活，不仅构图和情节性显著提高，装饰性也大大增强了。但随着人物形象的表达相对成熟，造型和用色方面开始变得模式化了，因而看起来有些略为呆滞，不及早期充满神韵（图 5-9）。

　　这种起源自印度本土的绘画艺术，在漫长的发展过程中又融合了很多地区性绘画的特点，最终被代表印度本土最高绘画成就的拉其普特绘画所继承。在莫卧儿时代，代表印度本土的拉其普特绘画和外来的伊斯兰细密画共同发展，并一同到达了各自的顶峰，它们共同发展、相互融合、互为借鉴，最终发展成为现今的印度绘画艺术。

## 第二节　耆那教寺庙建筑的细部装饰

　　印度民众自古以来就有酷爱繁复装饰的审美趋向和艺术传统，这不仅仅体现在他们的绘画和雕刻作品中，在各地的宗教建筑中也多是如此。例如印度佛教建筑中最知名的桑奇大塔，在主体建筑四面的塔门上就由当时的能工巧匠雕满了绵密的人物形象和各式花草图案。在印度最常见的印度教神庙中更是从上至下、由里而外堆砌着精美的神灵雕像和细部装饰。受到印度教神庙建筑一定影响的耆那教寺庙在建筑的装饰艺术上一脉相承，甚至"青出于蓝而胜于蓝"，比前者更加富丽堂皇，往往有过之而无不及。在早期的耆那教石窟寺中已经体现出了教重视

细部装饰的建筑特征。石窟各处，从门廊的石柱到洞顶的天花都雕刻了祖师神祇和装饰图案。中世纪时，耆那教推崇生命的活力，寺庙建筑便追求动势和变化，充满了类似巴洛克风格的激昂和夸张。它们造型富于变化，热闹而欢快，为了在寺庙建筑中表现纯净、富裕、幸福的彼岸景象，更是在建筑的细部装饰上极尽所能、不遗余力。华美精致、引人注目的建筑装饰让人印象深刻，却又和谐统一于整体寺庙。寺庙则通过这些精美绝伦、暗含了美好寓意的细部装饰吸引八方信众。

### 1. 装饰手法

　　耆那教寺庙主要的装饰手法共有三种，分别是雕刻、绘画和泥塑。耆那教寺庙建筑以其精美细致的雕刻装饰和富丽堂皇、纯净敞亮的内部空间而著称，有的寺庙整体即是一件完整的雕塑作品。除了部分印度南部地区主要使用木料建造寺庙，其他绝大部分的耆那教寺庙都主要使用坚实的石材建成，甚至也有像埃洛拉石窟群中的"小凯拉撒寺"[1]那样整个从山体中雕琢出岩凿式寺庙。正因大量使用了石材建造寺庙，在石材表面进行雕刻，不仅表现力强也易于保存，所以雕刻成为耆那教寺庙建筑的主要装饰手法。耆那教寺庙的雕刻主要分为浮雕和圆雕两种，其中浮雕使用更加广泛。在石柱、天花、藻井、圣室等处的祖师神祇、神侍和舞女、勇士等人物形象多采用高浮雕的表现形式；而在石梁、石门框、穹顶、弓形装饰和高浮雕旁的植物花纹和几何纹理则主要使用浅浮雕的雕刻手法。圆雕使用最少，只有少量的祖师圣像、部分寺庙屋顶上的力神和寺庙入口处的神兽采用圆雕的雕刻形式。总体说来，高浮雕的表现力较强，同时也不及圆雕费时费力，因此通常用来雕琢寺庙的主要人物及神兽形象，是最重要的表现手法；浅浮雕最易于加工，美中不足的是表现力不强，因此浅浮雕在寺庙中使用最多，但只是作为主要雕刻的陪衬，起到烘托和过渡的作用；圆雕的表现力最强，但制作难度最大，所以通常只有少量的人物和动物形象使用圆雕工艺，在寺庙的全部雕刻作品中起到点缀的作用。此外，印度南北地区由于宗教文化的差异，雕刻风格不同，而各个邦、各邦的各个地域之间雕琢工艺和手法又有不同，因此，同一个神灵或神兽在各地往往有不一样的造型，争奇斗艳、五花八门。

　　在所有宗教的精神世界中，无论是具有高贵品质的心灵还是最无人问津的自然事物，都能在绘画世界中找到它们各自的一席之地，任何一条可以积极引导内

---

1　"小凯拉撒寺"即埃洛拉石窟群中的第三十窟。

心的宗教教义都能够通过绘画使它们与信徒的思想情感产生共鸣[1]。在佛教和印度教中的那些引人入胜的彩绘壁画已经为人所熟知，而耆那教也受到它们的影响，很多寺庙都以五彩斑斓的彩画作为雕刻装饰的有力补充。例如在斋沙默尔的耆那教寺庙群中，很多藻井都做了彩绘（图5-10）。耆那教的彩画只是在原有的雕刻上涂上不同的色彩，借以增强雕刻的表现力，其对绘画艺术的利用大抵都是如此。在少数寺庙中也有绘制在墙壁和天花上的耆那教绘画，但都是在晚期修缮寺庙时绘制的，目前尚未发现早期的耆那教壁画。

图5-10　做了彩绘的藻井

主要见于印度南部地区的瞿布罗式寺庙中还使用了泥塑的装饰手法。瞿布罗式寺庙以入口处高大的楼门而得名，晚期的瞿布罗式寺庙往往能建起10多层高的楼门。为了减轻建筑的自重，除了楼门的基座部分使用石材建造外，上部的楼阁部分全部由轻质的砖木结构砌筑，并使用泥塑的人物和动物来代替石雕。为了防潮并起到一定的装饰作用，这些泥塑的表面通常涂抹颜色鲜艳的油彩，因而远远看去五彩斑斓、热闹活跃。

### 2. 装饰题材

耆那教寺庙建筑中的细部装饰异常精美，这些艺术装饰的主题也多种多样。既有庄重的祖师、凶神恶煞的夜叉和威严的神侍，也有世俗的君主、舞女和勇士；既有神话传说中的宏伟场面和宗教故事里的著名典故，也有日常生活中普通群众载歌载舞的节日庆典和勇士们激昂的战争图景；既有造型玄奇夸张的神兽和动物形象，也有规则的几何纹理和植物图案。这些五花八门的艺术题材全部被能工巧匠们运用在了寺庙的各类雕刻、彩绘和塑像作品上，它们共同构成了信众们对彼岸净土世界的美好想象，并以华丽富贵的殿堂吸引着来自五湖四海的香客。

1　谢小英.神灵的故事——东南亚宗教建筑[M].南京：东南大学出版社，2008.

耆那教最主要的宗教题材主要取材于耆那教的传说故事和《十一支》等宗教典籍，通常为表现各位祖师的禅定修行和教谕民众的场景。耆那教自身的传说体系并不完备，各大祖师造型相似，且不分等级（图5-11）。这就造成了各地寺庙各有信奉，各地区教派往往因喜好而信仰某一位祖师，如圣贤巴胡巴利是南部地区的主要信仰对象，并且一座耆那教寺

图 5-11　耆那教祖师雕像

庙所有的人物雕刻都是表现这一特定的人物。为了弥补自身宗教人物较为单一的缺陷，僧侣们从世界观和神灵体系较为完备的印度教中寻找灵感。在耆那教寺庙中常常出现一些印度教如梵天、毗湿奴和湿婆之类的主要神灵形象，甚至有时还能见到佛教中的佛陀形象。这些取材于多种宗教的人物形象和神话传说都是耆那教寺庙艺术装饰题材的主要来源。

此外，印度人民自古就有崇信一些动物的传统，他们认为这些动物具有神性和强大的力量。如现今一般民众仍然尊崇神牛，公路上常常可以见到迤逦而行的牛群，汽车和行人都要给它们让道。在耆那教信仰中，身边的动物都是人类的转世，甚至就是去世了的亲朋好友和自己的祖先，因此耆那教对待动物尊崇有加。在教义中耆那教祖师也都对应着大象、狮子、公牛、蛇等不同的动物化身，这些动物寓意着不同的力量和故事传说。所以雄壮的大象、威武的狮子、缠绕着的大蛇也都经常出现在寺庙的雕刻作品中，是其寺庙建筑艺术装饰的重要题材（图5-12）。

在印度的传统文化中，富有生机的植物象征

图 5-12　寺庙中的大象雕塑

着无限的活力和坚强的生命力。耆那教思想也继承了这一传统思想，推崇生命的活力。因此，植物图案也被僧侣们广泛采用，用来装饰他们的庙宇。题材主要为花卉图案、藤蔓和规则的植物纹理。这些植物图案通常是以浅浮雕的形式出现在主要浮雕的四周，用以衬托主体的雕刻作品。花草寓意着美好幸福的生活，而藤蔓暗喻刻苦的修行。另外，在寺庙精美的藻井中心往往雕刻上一朵垂下的莲花，这与佛教类似，都象

图 5-13a　寺庙中的莲花图案　　　　图 5-13b　花卉纹样装饰

征着圣洁和纯净。在伊斯兰统治时期之前，耆那教寺庙中以花卉、藤蔓为主的植物题材装饰占有很大比重。到了伊斯兰统治时期之后，由于伊斯兰教反对偶像崇拜，不以人物形象作为装饰。在这种主流思想的影响下，耆那教寺庙更加注重其植物纹理的装饰，而表现人物形象的装饰也就慢慢变少了（图 5-13）。

最后，在一些由地方统治者兴建的耆那教寺庙中常常出现国王本人的塑像，雕刻作品中常以王公大臣们的聚会、宫廷庆典和战争场景作为装饰题材。而有些寺庙的建造本身就与王国的重大事件息息相关，如在奇陶加尔城堡中的耆那教寺庙就是为纪念国王打败了伊斯兰入侵者而建造的。这种装饰题材在印度北部地区主要集中在中世纪时期，而在南部地区则一直延续到伊斯兰统治时期。在印度南部地区，由

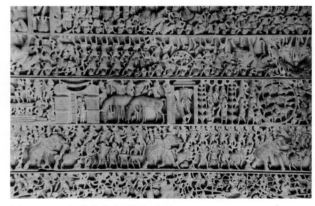

图 5-14　表现战争场景的雕刻

于具有不同信仰的小王国林立，征伐不断，那里的耆那教寺庙常常可见以军事活动、宫廷生活和重大政治事件作为装饰题材（图5-14）。

综上所述，在耆那教寺庙建筑中的艺术装饰主要分为宗教题材、世俗生活和动植物装饰三种类型。耆那教的装饰艺术大量地吸收了其他宗教文化的诸多内容，在一定程度上反映了耆那教思想的包容性和多样性。

### 3. 装饰部位

完整的中小型耆那教寺庙通常由门廊、主厅、前厅和圣室四部分组成，并坐落在一个高大的基座上，大型的院落式寺庙在此基础上还在四周建有一圈围廊。寺庙建筑的各个部位都遍布精美细致的装饰，且各部位的装饰题材不尽相同，蕴含了不同的象征和含义。笔者依据耆那教寺庙建筑中细部装饰的丰度、种类和题材不同，将其分为基座、门廊、柱厅、藻井和圣室五个主要装饰部位。

（1）基座

耆那教寺庙建筑通常建造在一个高大的基座上，基座由石块砌筑而成，内部一般砌实，基座部分的细部装饰主要表现在外围四周的雕刻上。印度北部地区耆那教寺庙的基座造型相似，通常作出横向的分割，基座大致分为三段，并由下至上逐层收进，比例协调、造型端庄，有些类似佛教建筑中的须弥座（图5-15）。以中央突出的线脚作为划分，下面一段最宽，一般要占到整个基座高度的一半有余，并横向划分成5~7层。最下层通常雕刻半圆形的莲花图案，密密麻麻、依次排列。各地区的寺庙莲花图式略有不同，有些寺庙基座上的莲花图案装饰带出现在稍微高一些的位置，但都是以同一个图案作为母题，并不断重复。其余各层一般只做简单的线脚或图案，个别规格高的寺庙有一些大象或神兽的圆雕作为点缀。中央一段没有太多装饰，有的寺庙会雕刻一些花瓣或叶片的图案。最上面一段雕刻着重复排列的龙头图案，这种图案在印度教神庙中经常出现，但在耆那教寺庙中使用更加频繁，并被称为"海

图5-15　基座部分的细部装饰

龙"，是耆那教崇信的一种神兽。龙头图案造型生动，可以清楚地辨别龙的犄角和凸出的眼珠（图 5-16）。

图 5-16　海龙图案

南部地区的耆那教寺庙则略有不同，其不同寺庙的规格不尽相同，总结起来略有难度。但总体来讲，不像北部地区划分那么细致，有些寺庙只是简单地用石块砌出台基，不作划分和雕刻，而考究的寺庙在基座上雕刻一些浮雕。与北部地区不同的是，南部地区的耆那教寺庙很少使用龙头图案，基座上偶尔出现的浮雕一般表现战争场面和凶猛的动物，并且雕琢粗犷，不如北部地区的细致。这种现象是受到不同教派思想的影响而形成的，北部地区主要为耆那教中的白衣派，而南部则主要为天衣派。白衣派更加灵活，并不排斥过于富丽堂皇的装饰；而天衣派注重对教义的遵守和刻苦的修行，一般反对在寺庙中进行过度的装饰。另外，南部地区寺庙的基座比北部地区的寺庙高大一些，这是为了适应南部潮湿多雨的气候条件。总而言之，基座部分厚实坚固，象征着永恒和坚定，装饰比其他部位简单明快。

（2）门廊

耆那教寺庙的门廊位于主体建筑的最前端，起到一定的引导作用。为了吸引香客进入寺庙，通常都较为华丽。门廊的平面一般是方形，各面都较为开敞，不设栏杆，细部装饰主要集中在两边的立柱、柱子间的弓形装饰和屋顶的天花上。最为精彩的寺庙，在门廊前还要建上一座异常精美的门券（图 5-17）。立柱由下而上划分成多段，每段都遍布精细繁复的雕刻。不同地区的寺庙式样不一。总的说来，下部主要是半圆形莲花和龙头图案为主的花纹；中段雕刻许多精美的人物，多为庄重威严的神侍和翩

图 5-17　门廊前的门券

翩起舞的舞者；上端为十字形托梁，托梁下方雕出精美的斜撑，斜撑正面通常是一尊神像两侧雕刻着繁复的纹理，象征着无穷的力量。两根立柱之间常有一根石质弓形装饰，包裹着密密麻麻的装饰图案或者雕刻成重复的莲花造型。弓形装饰在印度教神庙中很常见，但在耆那教寺庙中更加华丽精美。门廊顶上的天花是装饰的重点，一般有精美的浮雕，主要雕刻守护神侍或祖师神像，更加华丽的也做小些的藻井，藻井内雕刻着层层叠叠的莲花图案（图5-18）。屋顶上的装饰相比之下较为简单，只在四角立上小神像或神兽。整体看来，门廊部分满是大

图5-18　门廊顶部的藻井

大小小的人物雕刻和层层叠叠的花纹图案，让人眼花缭乱，目不暇接。翩翩起舞的人像向参观者传达着喜悦的节庆气氛和欢腾向上的活力。门廊的雕刻在丰度上非常出众，但在雕刻的规格和等级上仍然不及寺庙最核心的圣室部分。在属于天衣派的南部地区，门廊部分大抵也是如此，只是细部装饰远比北方寺庙简单，也很少有热闹欢快的人物雕像。

（3）柱厅

柱厅是寺庙最大的使用空间，平时用于信众集会和宗教活动，柱厅的装饰是整座寺庙最为精彩的地方，在印度的其他宗教建筑中，没有一个具有像耆那教寺庙这般豪华富丽而又圣洁纯净的室内空间。有些大型的寺庙，因为宗教活动的需要，常建有两个柱厅，形成了前厅和主厅的形式。依据寺庙规模的不同，一般大些的寺庙柱厅比较开敞，规模小点的封闭一些。开敞型的柱厅，细部装饰主要集中在石柱和穹顶内的藻井；而封闭型的还要再加上柱厅外壁的雕刻。其中又以藻井为整座寺庙最为华丽的地方，是其艺术装饰的重中之重。

柱厅内石柱的造型一般分为三段，最下端为方形，中部为抹角的八边形，上端为托梁。下端部分的装饰比较简单，只做一些线脚和几何纹理。柱子的中部和上端的装饰要复杂和精致许多，有些托梁上还雕刻神侍和力士。柱厅中的柱子有两种规格，用于支承中央穹顶的八根石柱最为精美华丽，其余柱子则相对简单。在支承中央穹顶的柱子中部四面通常雕刻不同的神侍，其造型五花八门，取材于

图 5-19a　精雕细琢的立柱　图 5-19b　柱身上的细部装饰　图 5-19c　柱身上的细部装饰

多种不同宗教和当地群众信奉的神灵。遍观整个柱厅，甚至不能找到两根完全相同的柱子（图 5-19）。

　　柱厅内的藻井是耆那教寺庙建筑最为引人注目的地方，雕琢得最为精心，别具一格。各个寺庙的藻井大小有异，但装饰手法基本类似。圆形的藻井由下至上以精美的线脚和花纹划分成数层，并朝向中央逐步收缩，越往上每层的宽度越窄，制造出一种向上飞升的动势。大部分藻井可以分为三段，每段都由数层构成。最下面一段通常雕刻密集的人物，或为各式神侍，或为手舞足蹈的人群。个别雕刻精致的围绕圆形雕刻不同的神灵塑像，一般将圆形等分为 12 段，并在等分处雕刻神像（图 5-20）。中部各层通常只做简单的纹理装饰，也有的雕刻出大型的神像，这些神灵多为印度教中各大主神的化身。最上端最为轻盈剔透，四周围绕着精美的莲花透雕，中央则从上至下逐层雕琢出一朵垂下的莲花。耆那教建筑的藻井精美华丽，充满了向上飞升的动势，表现出一种神秘而华贵的天国景观。

　　封闭式柱厅的外壁也成为寺庙装饰的重点。通常分为数段，每段遍布密密麻麻的花纹图案和人物造型。有些寺庙柱厅的外壁上还雕刻出许多小壁龛，龛中摆放祖师的圣像。南部地区耆那教寺庙的柱厅装饰，整体上仍不及北部地区华丽。

　　（4）圣室

　　圣室是耆那教寺庙建筑中最核心的部分，象征着无穷的力量，这里的细部装饰无论在丰度还是在规格上都是整座寺庙最高的。与印度其他宗教建筑不同的是，

图 5-20a　斋沙默尔耆那教寺庙主厅藻井

图 5-20b　维玛拉庙前厅藻井

图 5-20c　月神庙前厅藻井

图 5-20d　阿迪那塔庙前厅藻井

　　耆那教寺庙的圣室较为开敞，典型的耆那教圣室四面开门，暗喻祖师教谕响彻四方。圣室之内是一座方形或曼陀罗形圣坛，四面放置精美的祖师圣像。圣坛四面雕刻着密集的祖师浮雕，主要以祖师的相关传说故事为题材，也有的雕刻了全部的二十四位祖师（图 5-21）。耆那教祖师造像雷同，雕像多分为立像和坐像两种，两者都为裸身，胸口处有一棱形印记。立像双手自然下垂，头顶常有伞盖，印度南部的立像又多雕刻有缠绕身体的藤蔓，象征已经战胜了自我；坐像多见于北部，形象为盘腿而坐，双手叠于下腹。耆那教寺庙中的祖师雕像一般以第一祖、第七祖或者第二十四祖中的一个为中心，周围雕有其他祖师或神怪形象，规格高的也有全体二十四祖师的环形浮雕。有些地区的祖师塑像还受到佛教雕刻艺术的影响，其形象与佛教中的佛陀形象类似。圣室部分是祖师雕刻最为集中的地方，因为他们的神级最高，五花八门的大神、夜叉和精怪等属于祖师的神侍，神级就低了一等，被祖师们降服的神怪自然也不能进入等级最高的圣室。

　　北部地区寺庙圣室的装饰主要集中在外壁（图 5-22）、门框和圣坛，室内墙壁和屋顶的雕刻相比较少。圣室的外壁、门框和圣坛上通常遍布细密的雕刻，人

图 5-21　遍布雕刻的圣坛　图 5-22　圣室外壁的细部装饰

物之间以繁复的纹理图案作为连接。各个地区间的装饰风格略有差异，但各寺的门框基本都是一式的。门框的两根立柱一般是曼陀罗形截面，外表面雕刻着精美的图案，立柱底部、正中和顶部雕刻有祖师圣像。门梁也是如此处理，正中位置往往有祖师圣像。门槛比较特别，中心处为一个突出的圆形石鼓，石鼓两侧各有一只扁平的龙头石刻。所有寺庙圣室和圣龛的门框都是这样的形式（图 5-23）。在锡卡拉式寺庙中，圣室的顶部还有一座装饰着精美图案和神像的锡卡拉。

南部地区寺庙的圣室与北部有着较大差异，首先南部的圣室往往更加封闭，其次在细部装饰方面也很不同。南部地区寺庙的圣室一般不作装饰，只在门框上做少量的雕刻。外墙面和室内墙面几乎空无一物，连圣坛上也没有雕刻。祖师圣像摆放在圣坛上，往往比北方要大许多，但雕刻得不是很精细。

图 5-23　圣室的门框

## 小结

　　佛教注重沉思内省，佛教艺术便强调宁静平衡，以古典主义的静穆和谐为最高境界；耆那教崇尚生命活力，耆那教艺术便追求动态、变化，以巴洛克式的激动、夸张为终极目标。耆那教艺术在印度艺术中具有很高地位，并体现在其精美的寺庙建筑之中。耆那教寺庙建筑以其精美细致的雕刻装饰和富丽堂皇、纯净敞亮的内部空间而著称。其造型富于变化，热闹而欢快。为了在寺庙建筑中表现纯净、富裕、幸福的彼岸景象，更是在建筑的细部装饰上极尽所能、不遗余力。同时，耆那教寺庙通过雕刻、彩绘和泥塑等装饰手法将耆那教的传说故事、祖师和各类神怪、世俗的君主、欢快舞蹈的群众和精美的动植物图案等应用于建筑的细部装饰。华美精致、引人注目的建筑装饰让人印象深刻，却又和谐统一于整体寺庙，而寺庙也通过精美绝伦的暗含了美好寓意的细部装饰吸引着来自八方的信众。

第六章 耆那教建筑精选实例

第一节 石窟

第二节 耆那教建筑群

第三节 名誉之塔

第四节 克九拉霍耆那教博物馆

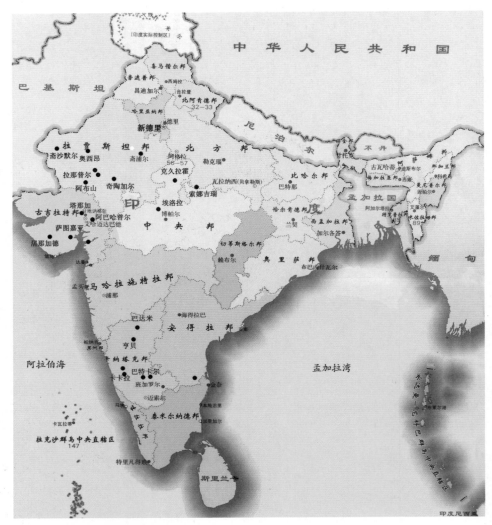

图 6-1　印度现存耆那教重要古迹分布图

# 第一节　石窟

## 1. 乌代吉里和肯德吉里石窟

乌代吉里和肯德吉里石窟（Udaygiri and Khandagiri Caves）位于布巴内斯瓦尔（Bhubaneshwar）东部两座紧邻的岩石山丘上，是当时的国王迦罗卫罗（Kharavela）为耆那教苦修行者建造的隐居和修行处，开凿年代大约为公元前 1 世纪。

在被阿育王打败后，卡林加王国失去了声望。但在公元前 1 世纪，卡林加王国的国王迦罗卫罗将恒河平原到南印度划入他的统治区域，就是现在的布巴内斯瓦尔东部，并将斯苏帕尔伽赫（Sisupalgarh）作为它的首都。国王的成就被刻在象窟的墓志铭中，即今天乌代吉里编号为第十四石窟的崖壁上。墓志铭指出他信仰耆那教，致力于切割岩石，开凿石窟寺庙。该石窟寺庙距离布巴内斯瓦尔 6 公里，是耆那教历史上留下最早的建筑遗迹。

两座山上的石窟叫莉娜（Lena，意为寓所），其中乌代吉里山上有 18 个石窟，肯德吉里山上有 15 个洞窟。第一个开凿的石窟叫女王的洞穴（Rani Gumpha），从公元前 1 世纪开始使用。洞窟建筑对外开敞，依山势分上下两层，底层是拱券装饰的门廊，上层是粗大的石柱外廊，内部形成的空间满足宗教活动和僧侣生活的需求，改变了耆那教长期以来居无定所的状况，可以称之为石窟的寺院。建筑的细部处理体现了早期石窟建筑的艺术特色，每一处入口都是拱形装饰，门边和券顶有人物和动物雕塑，类似桑奇窣堵坡的图兰纳雕刻手法，表现了当时人们日常生活和农耕、狩猎、战争等场景，刻画细腻。在山顶的平台还保存早期的圆形寺庙或用于祭祀的建筑遗迹。

位于乌代吉里对面的肯德吉里的山顶有一座耆那教寺庙，建于 19 世纪，香火旺盛，非耆那教教徒不能进入。在寺庙周围还有几座小的石窟，规模不及乌代吉里石窟，开凿时间也相对较晚。10—11 世纪这里仍有石窟开凿和圣像雕刻，但此后，奥里萨邦（Orisha）再也没有建造过耆那教石窟或耆那教寺庙，和佛教一样在这里销声匿迹。

布巴内斯瓦尔是印度奥里萨邦首府，历史上属于羯陵伽王国，羯陵伽王国在阿育王在位时的孔雀王朝时期是南印度最强大的国家，公元前 261 年该国面对阿育王的征服，进行了极其勇敢和最顽强的抵抗，战争惨烈，空前未有，此事在阿育王碑铭第十三有记载。阿育王对此深深悔恨，促成他从此改变用战争杀戮来征服民众的做法，转而以推行佛教立国、民心教化的方法来统治国家。

唐代玄奘法师在印度访问学习时曾来到此地，他在《大唐西域记》中记载了羯陵伽国"周五千里，国大都城周二十里。……少信正法，多尊外道，……天祠百余所，异道甚众，多是尼乾之徒也。"玄奘所说的尼乾之徒指的正是耆那教教徒，可见耆那教在当地的影响已有相当长的历史，印度最早期的耆那教石窟寺庙建造在这里且由国王下令来建设便不足为奇。后来，耆那教寺庙由商人出资建造的方式则发生了根本的改变。

图 6-2　乌代吉里石窟全景

图 6-3　乌代吉里石窟上山坡道

图 6-4　肯德吉里石窟与山顶寺庙

图 6-5　山顶蓄水池

图 6-6　乌代吉里石窟第一窟（公元前 1 世纪开凿）

a 外景

b 从山上看第一窟

c 二层走廊

d 室内大厅

e 人物

f 人物

g 柱头

h 柱头

i 大象

j 门饰

k 门饰

l 内廊柱头

m 内廊浮雕　　　　　　　　　　　　　　n 内廊浮雕

图 6-7　乌代吉里石窟第十窟（公元前 1 世纪开凿）

a 外景　　　　　　　　　　　　　　　　b 大象石雕

d 内廊

c 石窟外檐

e 内外托拱

f 人物雕像

g 人物雕像

i 人物雕像

h 人物雕像

j 人物雕像

k 门饰

m 内廊浮雕

l 内廊浮雕

p 内壁铭文

n 内廊浮雕

图 6-8　乌代吉里石窟第九窟（公元前 1 世纪开凿）

a 外景

b 外檐

c 内廊

d 人物雕像

f 内廊拱头石雕

e 内廊拱头石雕

g 内廊浮雕　　　　　　　　　　　h 室内

图 6-9　乌代吉里石窟第十二窟（公元前 1 世纪开凿）

a 外景

c 动物雕刻

d 室内

b 门装饰　　　　　　　　　　　e 看对面肯达吉里石窟

图 6-10　乌代吉里石窟山顶祭坛（公元前 2 世纪建造）

a 遗址标志碑　　　　　　　　　　　b 遗址火山石基础

c 圆形遗址

d 圆形遗址　　　　　　　　　　　e 圆形遗址

图6-11 乌代吉里石窟有历史铭文的第十四窟

a 外景

b 聚会大厅

d 铭文

c 旁边石窟

e 铭文

图 6-12　乌代吉里石窟第二窟

a 外景　　　　　　　　　　　　　　　c 室内

b 另一侧窟洞立面

图 6-13　乌代吉里石窟第三窟

a 第二窟与第三窟外景　　　　　　　b 第三窟立面

图 6-14 乌代吉里石窟第五窟

a 外部环境

b 外檐石柱

c 室内

d 室内

e 室内石长椅

f 柱头雕刻

g 柱头雕刻

h 柱头雕刻

图 6-15　乌代吉里石窟第六窟

a 外景

b 人物雕刻

c 人物雕刻

d 人物雕刻

e 内廊

f 内檐门饰

g 门头雕刻

h 门头雕刻

i 门头雕刻

图 6-16　乌代吉里石窟第七窟

a 外景

b 柱头雕刻

图 6-17　乌代吉里石窟第八窟

a 外景

b 内廊

c 室外环境

d 排水沟

图 6-18　乌代吉里石窟第十一窟

a 外景

b 门廊

c 室内

图6-19 乌代吉里石窟第十三窟及周边小洞窟

a 立面

b 第十三窟及周边小窟

c 修行窟

d 修行窟室内

e 小窟立面

图6-20 肯德吉里石窟第二窟（公元前1世纪开凿）

a 外景

b 内廊

c 拱券门饰

d 门头装饰

e 拱头雕刻

f 拱头雕刻

图 6-21 肯德吉里石窟第三窟

a 外檐

c 内廊尽端

b 内廊

d 门头雕刻

f 门头雕刻

e 门头雕刻

g 门头内侧雕刻

h 门头内侧雕刻

i 门头内侧雕刻

j 门头边侧雕刻

k 门头边侧雕刻

l 门头边侧雕刻

m 门头边侧雕刻

n 室内雕刻

p 拱头雕刻

q 拱头雕刻

r 拱头雕刻

图 6-22 肯德吉里石窟第四窟

a 外景

c 拱头雕刻

b 拱券门饰

d 拱头雕刻

图 6-23 肯德吉里石窟第五窟

a 外景

b 侧面

### 2. 瓜廖尔耆那教石刻雕像

瓜廖尔（Gwalior），位于阿格拉的南部约120公里的山区，属于中印度的中央邦(Madhya Pradesh)。在这一地区，印度教信徒和耆那教信徒和谐地生活在一起。尽管最初的寺庙建筑已经不存在了，但是许多山体表面上雕凿的耆那教祖师雕像依然清晰可见，其中最高的祖师雕像高约19米。大部分石窟是成群布置的，并带有柱厅或神龛。

瓜廖尔石窟群位于瓜廖尔城堡外，沿着进入城堡的山沟两侧布置，可分为路南和路北两大块。路南的石窟群沿山沟崖面开凿，与道路高差约4～5米，石窟以耆那教祖师和圣徒的雕像为内容，雕像分为立姿和坐姿，瓜廖尔石窟群最高的立像就在路南石窟群中。路北的石窟群数量不及路南，也以石刻造像为主要内容。

瓜廖尔石窟造像时间较晚，大约在印度的中世纪，雕像以立姿为主，三尊立像和三尊坐像与佛教流行的三世佛相似，尤其是祖师像的坐姿和手势与佛教三世佛坐像相雷同，这是相互借鉴和学习的结果。石窟雕刻中还有少量的侍女和狮子、神牛造像。

图6-24　瓜廖尔石窟群路南石窟

a 外景

b 外景

c 立姿雕像

d 立姿雕像

e 立姿雕像

g 坐姿雕像

f 坐姿雕像

h 手部

i 脚部

j 多层雕像

k 基座

l 基座

图 6-25　瓜廖尔石窟群路北石窟

a 外景

b 外景

c 石窟立面

d 石窟立面

e 立姿雕像

f 立姿雕像

g 人物雕像

h 坐姿雕像

j 柱式雕刻

i 人物雕像

k 藻井雕像

### 3. 巴达米石窟群第四窟

巴达米石窟群第四窟位于印度南部卡纳塔克的巴达米小镇，该窟的介绍参见本书第二章第二节"1. 早期的耆那教寺庙建筑"小节中。耆那教第四窟在巴达米石窟群中规模最小，但雕刻更为精致，墙面和柱身都有人物造像，祖师和先贤或坐或立，略显古板，周边侍女形象活泼，和其他几窟中的印度教形象雷同，反映出当时开凿石窟群工匠的艺术修养和水准。

图 6-26　巴达米石窟第四窟

a 周边全景

b 石窟前厅

c 圣室前廊

d 圣室门饰

e 柱身雕刻

f 祖师立像

g 祖师坐像

h 祖师立像

i 壁面立像

j 顶面雕刻

k 狮子斜撑

### 4. 埃洛拉石窟群第三十二窟

埃洛拉石窟群第三十二窟是一座建于 9 世纪的耆那教石窟。第三十二窟入口前端有一个院子，里面是一间在整块石头中切割出来的圣室和一根立柱。圣室有着独特的耆那教形式，为开敞的平面，与封闭、黑暗的印度教圣室完全不同，圣室的中心摆放着四面祖师像。

第三十二窟一层是一个普通的寺庙大厅，集会大厅的做法成为之后几个世纪在西印度流行的样式，二层是一个有着华丽雕刻的柱厅。该石窟在室内外的雕刻都很精致。值得注意的是这座石窟前后多进，格局完整，建筑未受到自然或人为的破坏，所有石刻细部均保存完好，还有相当多的彩绘，表现了当时的宫廷和世俗生活，彩绘的做法是先在石壁表面涂抹一层或数层的泥灰，在泥灰表面绘制彩色壁画，印度和斯里兰卡的石窟壁画都采用了这种工艺。由于泥灰的砂浆与石头的黏结不牢固，很容易脱落，所以很难在印度的寺庙中见到保存下来的彩绘壁画，第三十二窟的彩绘壁画在南部印度的潮湿气候下保存至今尤为不易。

图 6-27　埃洛拉石窟群第三十二窟室外

a 外景

b 内景

d 石柱雕刻

c 圣堂立面

e 壁面雕刻

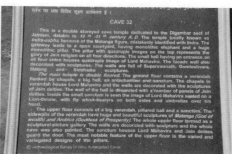

f 石窟介绍

图 6-28　埃洛拉石窟群第三十二窟室内

a 集会大厅

b 圣室前厅

c 柱头雕刻

d 藻井

图 6-29　埃洛拉石窟群第三十二窟雕刻

a 立姿雕像

b 坐姿雕像

c 坐姿雕像

图 6-30　埃洛拉石窟群第三十二窟彩绘

d 立姿雕像

a 彩绘

b 彩绘祖师像

c 彩绘舞蹈

d 彩绘舞蹈

e 彩绘舞蹈

f 梁底彩绘

g 天花彩绘

h 天花彩绘

i 天花彩绘

j 柱间彩绘

k 壁面彩绘

l 彩绘图案

## 5. 埃洛拉石窟群第三十三窟

埃洛拉第三十三石窟和第三十四石窟是 9 世纪开凿的耆那教石窟，两个石窟有着相似的二层。二层空间看上去很宽敞，事实上是由两个分开的石窟构成的。虽然石窟很小，但是雕刻十分精湛，尤其是柱头的造型和装饰很有特色，壁面上的祖师和人物造像构图完整，刻画细腻，过去的彩绘仍可依稀辨别。

图 6-31　埃洛拉石窟群第三十三窟室外

a 外景

b 外景（二层）

图 6-32　埃洛拉石窟群第三十三窟室内

a 柱厅

c 圣室门饰

b 圣室前厅

d 藻井

图 6-33　埃洛拉石窟群第三十三窟柱廊

a 柱廊　　　　　　　　　　　　　b 柱廊

c 柱头

图 6-34　埃洛拉石窟群第三十三窟雕像

图 6-34a　雕像 　　　　　　　　　　图 6-34b　雕像

图 6-34c　雕像

图 6-35　埃洛拉石窟群第三十三窟彩绘遗迹

b 彩绘遗迹

a 彩绘遗迹

## 第二节　耆那教建筑群

### 1. 克久拉霍东部寺庙建筑群

克久拉霍东部寺庙建筑群（Khajuraho Eastern Group），主要由耆那教寺庙组成，反映了印度教昌德拉王朝国王（Chandela Kings）对宗教的宽容政策。在印度不同宗教的寺庙混聚在一起并不是罕见，在埃洛拉和奇陶加尔也能见到同样的现象。

（1）帕莎瓦那塔庙（Parshvanatha Temple）

克久拉霍东部寺庙建筑群中耆那教神庙和神龛规模不大，由院墙环绕着形成组群，其中历史最悠久的是帕莎瓦那塔庙。帕莎瓦那塔庙是一座 10 世纪的耆那教寺庙，它的建成时间比起负有盛名的西克久拉霍寺庙建筑群还要早。由于这座寺庙没有外廊，因此外观看起来并不是十分壮观，但寺庙矩形墙体外壁上的雕刻非常出色，雕塑的风格与印度教并无两样。耆那教寺庙和印度教神庙由相同的建筑师设计，甚至可能由同一批工匠建造完成，因而风格趋同。唯一明显的标志在于，这座寺庙后部圣室的石凿神龛中供奉着二十三世祖师帕莎瓦那塔塑像，圣室内供奉的耆那教祖师雕像向我们展示了这座寺庙的耆那教属性。

（2）阿迪那塔庙（Adinatha Temple）

阿迪那塔庙是11世纪建造的耆那教寺庙，这里供奉着耆那教的第一位祖师。这是一座仅有一间圣室的简朴寺庙，后期只加建了门廊。因为没有出挑的露台，高耸的锡卡拉屋顶看起来显得十分纤细。这座寺庙的屋顶形式并不像传统形式四周簇拥着小的锡卡拉式屋顶，而是装饰着简单的竖向肋线，这表明这座寺庙可能建于更早的10世纪期间。

图6-36  克久拉霍东部寺庙建筑群

a 外景　　　　　　　　　　　　　　　　B 外景

图6-37  帕莎瓦那塔庙

a 外景　　　　　　　　　　　　　　　　b 门廊

d 内室藻井

c 内室

e 门槛雕刻

f 门槛雕刻

g 门框雕刻

h 祖师雕像

i 室内回廊

j 室内雕像

k 祖师雕像

l 外壁雕像

图 6-38　阿迪那塔庙

m 外壁雕像

a 外景

b 圣室门饰

c 藻井

## 2. 斋沙默尔耆那教寺庙群

斋沙默尔耆那教寺庙群位于拉贾斯坦邦西部的世界文化遗产斋沙默尔古城内，该寺庙群由六座耆那教寺庙组成，建于 15—16 世纪。详细介绍可见第二章第二节 "2. 中世纪的耆那教寺庙建筑" 小节中斋沙默尔耆那教寺庙群内容。

图 6-39　斋沙默尔耆那教寺庙群寺庙入口及外观

a 寺庙鸟瞰

c 寺庙入口

b 寺庙入口

d 寺庙入口大门

e 寺庙外观

图 6-40　斋沙默尔耆那教寺庙群寺庙柱厅

a 柱厅

b 柱厅

c 柱厅

d 柱厅上部

图 6-41　斋沙默尔耆那教寺庙群寺庙回廊

a 回廊

b 回廊

图 6-42　斋沙默尔耆那教寺庙群寺庙圣室

a 圣室

b 圣室

c 圣室

d 圣室

图 6-43 斋沙默尔耆那教寺庙群寺庙柱身雕刻

a 柱身雕刻

b 柱身雕刻

c 柱身雕刻

d 柱身雕刻

e 柱身雕刻

f 柱身雕刻

图 6-44　斋沙默尔耆那教寺庙群寺庙雕像

a 雕像

b 雕像

c 雕像

d 雕像

e 雕像

f 雕像

g 雕像

h 雕像

i 雕像

j 雕像

k 雕像

l 雕像

图 6-45　斋沙默尔耆那教寺庙群寺庙藻井

a 藻井

b 藻井

c 藻井

d 藻井

e 藻井

f 藻井

图 6-46　斋沙默尔耆那教寺庙群寺庙窗户装饰

a 窗户

b 窗户

c 窗户

d 窗户

e 窗户

g 窗户

f 窗户

h 窗户

i 窗户

图 6-47 斋沙默尔耆那教寺庙群寺庙外壁雕刻

a 外壁雕刻

b 外壁雕刻

c 外壁雕刻

d 外壁雕刻

e 外壁雕刻

图 6-48　斋沙默尔耆那教寺庙群寺庙祖师雕像

a 祖师雕像

b 祖师雕像

c 祖师雕像

d 祖师雕像

e 祖师雕像

f 祖师雕像

图 6-49　斋沙默尔耆那教寺庙群寺庙细部

a 细部

b 细部

c 细部

d 细部

e 细部

f 细部

图6-50　斋沙默尔耆那教寺庙群寺庙其他

b 园形石刻

a 碑形石刻

c 脚印石刻

e 导游与游客

d 耆那教僧侣

f 著者与僧侣

### 3. 拉那普尔阿迪那塔庙

拉那普尔阿迪那塔庙位于拉贾斯坦邦的拉那普尔，是一座远近闻名的的耆那教寺庙，寺庙通体用白色大理石建造，建于 15 世纪中叶，柱厅的构造和雕刻极其精美，是海内外游客必到之处。详细介绍见第二章第二节"2. 中世纪的耆那教寺庙建筑"小节中阿迪那塔庙内容。

图 6-51　拉那普尔阿迪那塔庙外观

a 寺庙外观

b 寺庙西立面

c 寺庙南立面

d 寺庙锡卡拉尖顶

图 6-52　拉那普尔阿迪那塔庙柱厅和柱厅细部

a 柱厅

b 柱厅

c 柱厅

d 柱厅

e 柱厅细部  f 柱厅细部

g 柱厅细部

图 6-53 拉那普尔阿迪那塔庙藻井

a 藻井  b 藻井

c 藻井

d 藻井

e 藻井

f 藻井

g 藻井

图 6-54  拉那普尔阿迪那塔庙内廊

a 内廊

b 内廊

c 内廊

d 内廊

图 6-55　拉那普尔阿迪那塔庙内院

a 内院

b 内院

c 内院

d 内院

e 内院

图 6-56　拉那普尔阿迪那塔庙柱身雕刻

a 柱身雕刻

b 柱身雕刻

c 柱身雕刻

d 柱身雕刻

e 柱身雕刻

图 6-57　拉那普尔阿迪那塔庙门饰

a 门饰

b 门饰

c 门饰

d 门饰

e 门饰

f 门饰

g 门饰

j 门饰

h 门饰

i 门饰

图 6-58　拉那普尔阿迪那塔庙雕刻

a 雕刻

b 雕刻

c 雕刻

d 雕刻

### 4. 萨图嘉亚寺庙城

萨图嘉亚寺庙城位于帕提塔那镇以东的圣山萨图嘉亚的山顶，是耆那教最神圣的地方.有耆那教第一山之尊。传说第一代祖师阿迪那塔和他的弟子过去经常访问这个地方，来获得精神上的启迪。这里的寺庙群形成于中世纪，寺庙的集群占据两个峰和谷之间，周边被高墙包围。僧侣和朝圣者需要攀爬3500级台阶才能到达山顶寺庙。黎明登山，黄昏回来，山上不留宿。寺庙香火旺盛，吸引远方的信徒和游客朝山游览，也带动了山下的旅游业和城镇建设，不断建造新的耆那教寺庙，形成了以寺庙为中心的古吉拉特邦内的重要宗教城镇。

耆那教教徒将寺庙建在山顶，因为他们认为山是神圣的。另一个原因是，在中世纪，穆斯林侵略者破坏了征服地区的耆那教寺庙。这可能是中世纪耆那教建造的庙宇选择山顶，外部形成防御城堡的原因。详细介绍可见第二章第二节"2.中世纪的耆那教寺庙建筑"小节中萨图嘉亚寺庙城内容。

图 6-59　萨图嘉亚寺庙城

b 鸟瞰城镇

a 山下入口大门

c 山下新建寺庙入口

d 正在建造的寺庙

e 从半山看山顶寺庙群

f 山顶道路

g 寺庙群入口坡道

h 鸟瞰寺庙群体

i 寺庙群

j 入口游览地图

k 城堡

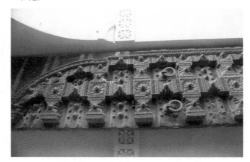

m 大门装饰

l 城堡入口

n 圣室内院入口

p 圣室入口

q 四面开敞的圣室

s 柱厅

r 寺庙主体建筑

t 藻井

u 圣城周边景观　　　　　　　　　　　v 途中著者与朝圣的一家合影

## 第三节　名誉之塔

　　名誉之塔，被叫做 Kirti Stambha，是一个耆那教的纪念性塔，建于 13 世纪，位于奇陶加尔城堡内。塔有七层，高 24 米，坐落在一个地基平台上。塔的另一侧是寺庙建筑。孔雀王朝时期阿育王建造纪念柱遍及他的王国的每一个区域，这种做法被西印度的耆那教所效仿，成为耆那教的一种有地标意义的建筑类型，与中国古代楼阁式塔相媲美。

图 6-60　名誉之塔

a 寺庙外观　　　　　　　　　　　b 寺庙介绍

c 寺庙建筑

e 纪念塔细部

d 纪念塔外观

f 纪念塔细部

g 纪念塔细部

h 纪念塔细部

i 纪念塔细部

j 纪念塔细部

k 纪念塔细部

## 第四节　克九拉霍耆那教博物馆

在克久拉霍东部寺庙建筑群的入口东侧，有一座耆那教博物馆，博物馆为圆形平面，展览大厅内收集了各种耆那教的石刻和雕像。造型各异，内容丰富。

图 6-61　克九拉霍耆那教博物馆

a 博物馆标志牌

b 博物馆建筑外观

c 博物馆建筑入口

d 雕像

e 博物馆室内

f 祖师雕像

g 祖师雕像

h 立姿雕像

i 人物雕像

j 人物雕像

k 人物雕像

l 人物雕像

m 人物雕像

n 人物雕像

p 人物雕像

q 人物雕像

r 立柱

# 结　语

　　耆那教是起源于古代印度的一种古老而独具特色的宗教，有其独立的宗教信仰和哲学思想。其教诞生于公元前 6 世纪初，比佛教还要更早一些。耆、佛两教本是同源，都起源于反对婆罗门教的沙门思潮。两教在与婆罗门教长期的斗争与融合中逐渐发展，佛教最终发展成为世界性的宗教，但在印度本土却大起大落，最终归于消亡；而耆那教虽然影响力远不及佛教，但在印度本土却一直延绵至今，并逐渐向世界范围内传播。正是拥有了悠久的历史和广博的积淀才造就了独具特色的耆那教寺庙建筑。

　　耆那教教徒们讲求苦行修身，通过放弃现世的享乐出家受戒，严格遵守教义和戒律来达到超脱出世、全知全能的理想状态。早期的耆那教并没有营建大型的宗教场所和建筑设施，那时的建筑活动主要集中于深山的石窟寺。8—12 世纪是耆那教寺庙建筑发展的黄金时期。这段时间耆那教在古吉拉特邦、拉贾斯坦邦和部分印度南部地区得到地方统治者的支持而快速地发展。僧侣们常年行走在外，一边乞讨，一边布道，需要有地方作为停留和休息的场所，于是便有当地信众出资为他们建造耆那教寺庙和僧舍等各种辅助设施，以便僧侣们停歇并讲授宗教知识。最初耆那教寺庙主要模仿印度教神庙的建筑形式，或直接占用印度教废弃的寺庙。随后伴随着宗教的发展，耆那教寺庙日渐发展出适应自身宗教理念的建筑形式和纷繁多样的建筑类型。13 世纪时，伊斯兰教势力逐渐登上政治舞台。在大城市里穆斯林为了维持自己的宗教地位，残酷镇压一切异教，肆意驱逐和屠杀印度教、佛教、耆那教僧侣，并拆毁他们的寺庙来建设清真寺。在伊斯兰统治势力不断扩张的时期，大城市的寺庙建设几乎停止，新的寺庙被迫建造在非伊斯兰统治区或被破坏可能性很小的边远地区，建造规模远不如前。18 世纪后，印度成为英国的殖民地。寺庙不再有被穆斯林摧毁的威胁，僧侣的人身安全也得到保证。于是，耆那教开始慢慢恢复生机，在重要城市不断出现新建的寺庙。这段时期寺庙的风格主要有两种：一种为古典复兴式，工匠们从过去的寺庙中获取灵感，并结合了新的技术和工艺；另一种为折中主义风格，主要集中在受西方影响比较多的沿海商业城市。1950 年，随着民族独立，印度进入了共和国时代。在对传统文化的日渐重视下，印度许多地区兴建了大量新的耆那教寺庙，或大或小，风格不一，虽然没有中世纪时的寺庙精致华丽，但无论布局形式还是建筑造型都比过去更加自由。

  耆那教有着悠久的历史和独特的寺庙建筑，但在印度国内的影响力远不及同时期产生的印度佛教。学者们对耆那教的研究大多止于其宗教文化与哲学思想，少有对其寺庙建筑进行系统介绍和理论研究。然而，谈到印度佛教就无法避开与其同根同源、被喻为同一根树枝上两根分叉的耆那教。因此笔者在学习研究了一定资料的基础上，对印度南北地区的耆那教寺庙建筑进行了广泛的实地调研，积累了初步的研究资料，整理成册，付梓出版。本书在厘清耆那教信仰的基础上，继而研究其异彩纷呈的寺庙建筑，旨在为对其有兴趣的专家学者和专业爱好者提供第一手资料；同时，本书也系统地介绍了这一古老的宗教与其独特的寺庙建筑，填补了国内相关研究的空白。

# 中英文对照

## 地方名称

阿巴哈普尔：Abhapur

阿玛撒格尔：Amar Sagar

安得拉邦：Andhra

艾哈曼德巴德：Ahmedabad

巴达米：Badami

巴特卡尔：Bhatkal

比哈尔邦：Bihar

加尔各答：Calcutta

奇陶加尔：Chittaurgarh

达罗毗荼：Dravida

德里：Delhi

埃洛拉：Ellora

古吉拉特邦：Gujarat

亨贝：Hampi

印度：India

斋沙默尔：Jaisalmer

焦特布尔：Jodhpur

居那加德：Junagadh

羯陵伽：Kalinga

康琪普纳姆：Kanchipuram

卡纳塔克邦：Karnataka

卡卡拉：Karkala

罗德鲁瓦：Lodruva

中央邦：Madhya

马德拉斯邦：Madras

马哈拉施特拉邦：Maharashtra

慕达贝瑞：Mudabidri

新德里：New Delhi

奥西昂：Osian

拉贾斯坦邦：Rajasthan

拉那普尔：Ranakpur

信德邦：Sindh

索娜吉瑞：Sonagiri

泰米尔纳德邦：Tamil Nadu

塔那加：Taranga

北方邦：Uttar Pradesh

乌代普尔：Udaipur

吠舍离：Vaishali

## 王朝名称

笈多王朝：Gupta Dynasty

孔雀王朝：Maurya Dynasty

莫卧儿王朝：Mughal Dynasty

## 宗教名称

婆罗门教：Brahmanism

佛教：Buddism

印度教：Hinduism

伊斯兰教：Islamism

耆那教：Jainism

## 神祇名称

耆那教二十四祖师

阿布那丹那塔：Abhinandananatha

阿迪那塔：Adinatha

阿吉塔那塔：Ajitanatha

阿兰塔那塔：Anantanatha

阿拉那塔：Aranatha

昌达那塔：Chandranatha

查图姆卡哈：Chaturmukha

杜哈玛那塔：Dharmanatha

琨妮那塔：Kunthunatha

玛哈维拉：Mahavira

玛琳那塔：Mallinatha

穆尼苏拉塔：Munisuvrata

拉米那塔：Naminatha

尼密那塔：Neminatha

帕达玛普拉巴哈：Padmaprabha

帕莎瓦那塔：Parshvanatha

蒲莎帕丹塔：Pushpadanta

萨玛巴哈瓦那塔：Sambhavanatha

珊琪那塔：Shantinatha

希塔兰那塔：Shitalanatha

希瑞雅那桑那塔：Shreyanasanatha

苏那琪那塔：Sumatinatha

苏帕沙瓦纳塔：Suparshvanatha

维玛兰那塔：Vimalanatha

耆那教圣贤

巴胡巴利：Bahubali

耆那教女神

萨拉斯帝维：Srutadevi

印度教神灵

梵天：Brahma

甘妮莎：Ganesha

拉克希米：Lakshmi

米那克希：Minakshi

桑提：Santi

湿婆：Shiva

毗湿奴：Vishnu


**人物名称**

阿克巴：Akbar

雅利安人：Aryan

阿育王：Asoka

巴伯尔：Barbour

巴哈那巴胡：Bhadrabahu

旃陀罗笈多：Candragupta

迪帕卡：Depaka

鸠摩波罗：Jiumoboluo

奥朗则布：Orandze Bbu

帕德米妮：Padmini

拉其普特人：Rajput

拉瓦尔·斋沙：Rawal Jaisal

释迦牟尼：Shakya Mani

戒日王：Siladitya


**建筑专业名称**

巴斯蒂：Basti

瞿布罗：Gopura

曼达拉：Mandala

玛那斯坦哈：Manastambha

帕那马萨伊卡曼达拉：Paramashayika Mandala

贝杜式：Petu

提尔塔：Tirtha

锡卡拉：Sikhara

### 寺庙名称

阿吉塔那塔庙：Ajitanatha Temple

巴达米石窟群：Badami Caves

昌德那塔庙：Chandranatha Basti

查图姆卡哈庙：Chaturmukha Basti

迪尔瓦拉寺庙群：Delwara Temples

杜哈玛那塔庙：Dharmanatha Temple

埃洛拉石窟群：Ellora Caves

吉尔纳尔寺庙城：Girnar Temple City

哈玛库塔庙：Hemakuta Temple

斋沙默尔耆那教寺庙群：Jaisalmer Jain Temples

居那加德石窟寺：Junagadh Caves

凯拉萨神庙：Kailasa Temple

拉卡那庙：Lakhena Temple

月神庙：Luna Vasahi

玛哈维拉庙：Mahavira Temple

尼密那塔庙：Neminatha Temple

帕莎瓦那塔庙：Parshvanatha Temple

阿迪那塔庙：Adinatha Temple

萨图嘉亚寺庙城：Satrunjaya Temple City

希塔兰那塔庙：Shitalanatha Temple

维玛拉庙：Vimala Vasahi

# 图片索引

**导言**

图 0-1　南亚政区图　图片来源：《亚洲地图册》（中国地图出版社，2015）

图 0-2　祭司像　图片来源：http://www.baidu.com

图 0-3　古印度十六雄国地域图　图片来源：http://en.wikipedia.org/

图 0-4　印度地貌图　图片来源：《印度地图册》（中国地图出版社，2015）

图 0-5　印度行政区划图　图片来源：《印度地图册》（中国地图出版社，2015）


**第一章　耆那教信仰**

图 1-1　耆那教标识　图片来源：http://en.wikipedia.org/

图 1-2　耆那教旗帜　图片来源：http://en.wikipedia.org/

图 1-3　耆那教绘画中的大雄形象　图片来源：http://en.wikipedia.org/

图 1-4　耆那教僧侣　图片来源：芦兴池摄

图 1-5　绘制于 15 世纪的耆那教经文　图片来源：*Jain Art From India*

图 1-6　阿迪那塔塑像　图片来源：http://en.wikipedia.org/

图 1-7　帕莎瓦那塔塑像　图片来源：http://en.wikipedia.org/

图 1-8　大雄塑像　图片来源：http://en.wikipedia.org/

图 1-9　巴胡巴利塑像　图片来源：http://en.wikipedia.org/

图 1-10　象头神甘妮莎塑像　图片来源：http://en.wikipedia.org/

图 1-11　富贵女神拉克希米塑像　图片来源：《印度教神庙建筑研究》

图 1-12　耆那教派组织关系图　图片来源：芦兴池绘


**第二章　耆那教寺庙建筑概况**

图 2-1　耆那教石窟寺　图片来源：汪永平摄

图 2-2　迪尔瓦拉寺庙群　图片来源：芦兴池摄

图 2-3　拉那普尔的阿迪那塔庙　图片来源：芦兴池摄

图 2-4　萨图嘉亚寺庙城　图片来源：芦兴池摄

图 2-5　杜哈玛那塔庙　图片来源：芦兴池摄

图 2-6　居那加德耆那教石窟寺　图片来源：汪永平摄

图 2-7 印度教第十六窟凯拉撒神庙 图片来源：王濛桥摄

图 2-8 耆那教第三十窟 图片来源：王濛桥摄

图 2-9a 耆那教第三十二至三十四窟外景 图片来源：王濛桥摄

图 2-9b 耆那教第三十二至三十四窟平面图 底图来源：*Architecture of the Indian Subcontitent*

图 2-9c 耆那教第三十二窟剖面图 底图来源：*Architecture of the Indian Subcontitent*

图 2-10 耆那教第三十四窟中的祖师雕刻 图片来源：王濛桥摄

图 2-11 耆那教第三十二窟中的圣坛 图片来源：王濛桥摄

图 2-12 巴达米石窟群 图片来源：芦兴池摄

图 2-13 巴达米石窟群平面图 底图来源：*Architecture of the Indian Subcontitent*

图 2-14 巴达米石窟群耆那教石窟外景 图片来源：芦兴池摄

图 2-15a 耆那教石窟门廊 图片来源：芦兴池摄

图 2-15b 耆那教石窟内的祖师雕刻 图片来源：芦兴池摄

图 2-16a 奥西昂的印度教神庙 图片来源：*Architecture of the Indian Subcontitent*

图 2-16b 玛哈维拉庙 图片来源：*Architecture of the Indian Subcontitent*

图 2-17 哈玛库塔庙 图片来源：*Architecture and Art of Southern India*

图 2-18 塔那加阿吉塔那塔庙 图片来源：*Architecture of the Indian Subcontitent*

图 2-19 塔那加阿吉塔那塔庙平面图 底图来源：*Architecture of the Indian Subcontitent*

图 2-20 迪尔瓦拉寺庙群平面图 底图来源：《古印度——从起源至 13 世纪》

图 2-21 维玛拉庙平面图 底图来源：《古印度——从起源至 13 世纪》

图 2-22 维玛拉庙前厅 图片来源：由当地寺庙提供的图片资料

图 2-23 月神庙平面图 底图来源：《古印度——从起源至 13 世纪》

图 2-24 月神庙前厅 图片来源：由当地寺庙提供的图片资料

图 2-25 阿迪那塔庙平面图 底图来源：《古印度——从起源至 13 世纪》

图 2-26 阿迪那塔庙前厅 图片来源：由当地寺庙提供的图片资料

图 2-27 帕莎瓦那塔庙平面图 底图来源：《古印度——从起源至 13 世纪》

图 2-28 帕莎瓦那塔庙 图片来源：芦兴池摄

图 2-29 阿迪那塔庙 图片来源：芦兴池摄

图 2-30 阿迪那塔庙平面图 底图来源：*Architecture of the Indian Subcontitent*

图 2-31a 精美的石柱 图片来源：芦兴池摄

图 2-31b　前厅内的穹顶　图片来源：芦兴池摄

图 2-32　斋沙默尔耆那教寺庙群　图片来源：芦兴池摄

图 2-33　斋沙默尔耆那教寺庙群平面图　底图来源：*Architecture of the Indian Subcontitent*

图 2-34　高大威严的寺庙外墙　图片来源：芦兴池摄

图 2-35a　主厅顶部的藻井　图片来源：芦兴池摄

图 2-35b　主厅二层的走廊　图片来源：芦兴池摄

图 2-35c　主厅一层内景　图片来源：芦兴池摄

图 2-36　萨图嘉亚寺庙城　图片来源：芦兴池摄

图 2-37　萨图嘉亚寺庙城平面图　底图来源：*Architecture of the Indian Subcontitent*

图 2-38　萨图嘉亚寺庙城内造型各异的耆那教寺庙　图片来源：芦兴池摄

图 2-39　吉尔纳尔寺庙城　图片来源：http://en.wikipedia.org/

图 2-40a　吉尔纳尔寺庙穹顶上的马赛克拼贴　图片来源：http://en.wikipedia.org/

图 2-40b　古埃尔公园里的马赛克拼贴　图片来源：http://en.wikipedia.org/

图 2-41　尼密那塔庙平面图　底图来源：*Architecture of the Indian Subcontitent*

图 2-42a　帕莎瓦那塔庙平面图　底图来源：*Architecture of the Indian Subcontitent*

图 2-42b　帕莎瓦那塔庙的圣坛　图片来源：*Architecture of the Indian Subcontitent*

图 2-43　索娜吉瑞寺庙城　图片来源：汪永平摄

图 2-44　昌达那塔庙　图片来源：*Architecture of the Indian Subcontitent*

图 2-45　查图姆卡哈庙　图片来源：芦兴池摄

图 2-46　查图姆卡哈庙外廊内景　图片来源：芦兴池摄

图 2-47　杜哈玛那塔庙主体寺庙　图片来源：芦兴池摄

图 2-48　杜哈玛那塔庙平面图　底图来源：*Architecture of the Indian Subcontitent*

图 2-49a　寺庙的入口门廊　图片来源：芦兴池摄

图 2-49b　精美的柱头装饰　图片来源：芦兴池摄

图 2-49c　伊斯兰装饰风格的走廊　图片来源：芦兴池摄

图 2-50　希塔兰那塔庙　图片来源：芦兴池摄

图 2-51　玛哈维拉庙　图片来源：芦兴池摄

图 2-52　寺庙的环形围廊　图片来源：芦兴池摄

图 2-53　萨图嘉亚某新建寺庙　图片来源：芦兴池摄

图 2-54a　未雕刻的石构件　图片来源：芦兴池摄

图 2-54b　雕刻完成后的石构件　图片来源：芦兴池摄

图 2-55a　小圣龛外侧　图片来源：芦兴池摄

图 2-55b　小圣龛内侧　图片来源：芦兴池摄

图 2-56　穹顶外部的尖顶装饰　图片来源：芦兴池摄

图 2-57　圣室顶部高耸的锡卡拉　图片来源：芦兴池摄

图 2-58　"玛那斯坦哈"纪念柱　图片来源：芦兴池摄

图 2-59a　典型的印度教神庙平面图　图片来源：*Architecture of the Indian Subcontitent*

图 2-59b　典型的耆那教寺庙平面图　图片来源：*Architecture of the Indian Subcontitent*

图 2-59c　典型的佛教精舍平面图　图片来源：《印度佛教建筑探源》


**第三章　耆那教寺庙建筑的选址与布局**

图 3-1　斋沙默尔城堡　图片来源：http://en.wikipedia.org/

图 3-2　斋沙默尔耆那教寺庙区位图　底图来源：谷歌地球

图 3-3　罗德鲁瓦耆那教寺庙区位图　底图来源：谷歌地球

图 3-4a　罗德鲁瓦耆那教寺庙外景　图片来源：芦兴池摄

图 3-4b　复原后的罗德鲁瓦耆那教主体寺庙　图片来源：芦兴池摄

图 3-5　入口处的门券　图片来源：芦兴池摄

图 3-6　寺庙的漏窗　图片来源：芦兴池摄

图 3-7　萨图嘉亚寺庙城区位图　底图来源：谷歌地球

图 3-8　迪尔瓦拉寺庙群区位图　底图来源：谷歌地球

图 3-9　拉卡那庙区位图　底图来源：谷歌地球

图 3-10　拉卡那庙　图片来源：*Architecture of the Indian Subcontitent*

图 3-11　阿玛撒格尔宫殿寺庙区位图　底图来源：谷歌地球

图 3-12　阿玛撒格尔宫殿寺庙　图片来源：芦兴池摄

图 3-13a　阿玛撒格尔宫殿寺庙入口　图片来源：芦兴池摄

图 3-13b　主厅内景　图片来源：芦兴池摄

图 3-13c　寺庙圣室　图片来源：芦兴池摄

图 3-14　萨图嘉亚寺庙城内点式布局的耆那教寺庙　图片来源：芦兴池摄

图 3-15　最简单的点式布局寺庙　图片来源：芦兴池摄

图 3-16　带有小柱厅的点式布局寺庙　图片来源：芦兴池摄

图 3-17　并联的点式布局寺庙　图片来源：芦兴池摄

图 3-18　十字形点式布局寺庙　图片来源：芦兴池摄

图 3-19a　线式布局的帕莎瓦那塔庙　底图来源：谷歌地球

图 3-19b　帕莎瓦那塔庙外景　图片来源：芦兴池摄

图 3-20　相对封闭的圣室和主厅　图片来源：芦兴池摄

图 3-21　奇陶加尔耆那教寺庙群入口　图片来源：芦兴池摄

图 3-22a　奇陶加尔耆那教寺庙　图片来源：芦兴池摄

图 3-22b　带有半圈围廊的稍大寺庙　图片来源：芦兴池摄

图 3-23　院落式布局的阿迪那塔庙　底图来源：谷歌地球

图 3-24　阿迪那塔庙空间布局分析图　底图来源：*Architecture of the Indian Subcontitent*


**第四章　耆那教寺庙建筑的类型与架构**

图 4-1　锡卡拉式屋顶的起源　图片来源：《印度现代建筑》

图 4-2　色柯里式锡卡拉塔顶　图片来源：芦兴池摄

图 4-3　双手托举状人物雕刻　图片来源：芦兴池摄

图 4-4　奇陶加尔耆那教纪念塔　图片来源：芦兴池摄

图 4-5　塔身上精美的圣龛　图片来源：芦兴池摄

图 4-6　奇陶加尔印度教纪念塔　图片来源：芦兴池摄

图 4-7　艾哈曼德巴德耆那教纪念塔　图片来源：芦兴池摄

图 4-8　慕达贝瑞昌达那塔庙　图片来源：芦兴池摄

图 4-9　基座上表现狩猎场景的浮雕　图片来源：芦兴池摄

图 4-10　寺庙柱厅内的藻井　图片来源：芦兴池摄

图 4-11　卡卡拉耆那教贝杜寺　图片来源：芦兴池摄

图 4-12a　卡卡拉贝杜寺入口处的纪念柱　图片来源：芦兴池摄

图 4-12b　北部地区印度教神庙入口处的纪念柱　图片来源：芦兴池摄

图 4-13　印度教瞿布罗式神庙　图片来源：芦兴池摄

图 4-14　康琪普纳姆耆那教寺庙　图片来源：芦兴池摄

图 4-15　源于曼达拉图形的圣室和柱厅平面类型总结图　底图来源：《印度现代建筑》

图 4-16　帕莎瓦那塔庙曼达拉图形应用示意图　底图来源：*Architecture of the Indian Subcontitent*

图 4-17　帕那马萨伊卡曼达拉　图片来源：*Architecture In India*

图 4-18　阿迪那塔庙应用帕那马萨伊卡曼达拉图形示意图　底图来源：*Architecture of the Indian Subcontitent*

图 4-19　印度教神庙中居核心地位的神灵雕刻　图片来源：芦兴池摄

图 4-20　耆那教寺庙起装饰作用的人物雕刻　图片来源：芦兴池摄

图 4-21　装饰性雕刻用以烘托圣室的核心地位　图片来源：芦兴池摄

图 4-22　印度教神庙阴暗压抑的柱厅　图片来源：芦兴池摄

图 4-23　耆那教寺庙宽敞明亮的柱厅　图片来源：芦兴池摄

图 4-24　层次分明的结构体系　图片来源：芦兴池摄

图 4-25　包裹着结构体系的细部装饰　图片来源：芦兴池摄

**第五章　耆那教艺术与其寺庙建筑的细部装饰**

图 5-1　石窟寺中的祖师造像　图片来源：芦兴池摄

图 5-2　生动的人物雕刻　图片来源：芦兴池摄

图 5-3　精美的藻井　图片来源：芦兴池摄

图 5-4　寺庙中翩翩起舞的人物雕刻　图片来源：芦兴池摄

图 5-5a　13 世纪时的耆那教棕榈叶绘画　图片来源：*Jain Art From India*

图 5-5b　15 世纪时的耆那教棕榈叶绘画　图片来源：*Jain Art From India*

图 5-6　融合有多种风格的耆那教绘画　图片来源：*Jain Art From India*

图 5-7　耆那教绘画中的人物形象　图片来源：*Jain Art From India*

图 5-8　17 世纪时的耆那教绘画（蓝色背景色开始出现）　图片来源：*Jain Art From India*

图 5-9　晚期的耆那教绘画　图片来源：*Jain Art From India*

图 5-10　做了彩绘的藻井　图片来源：芦兴池摄

图 5-11　耆那教祖师雕像　图片来源：*Jain Art From India*

图 5-12　寺庙中的大象雕塑　图片来源：芦兴池摄

图 5-13a　寺庙中的莲花图案　图片来源：芦兴池摄

图 5-13b　花卉纹理装饰　图片来源：芦兴池摄

图 5-14　表现战争场景的雕刻　图片来源：由当地寺庙提供的图片资料

图 5-15　基座部分的细部装饰　图片来源：芦兴池摄

图 5-16　海龙图案　图片来源：芦兴池摄

图 5-17　门廊前的门券　图片来源：芦兴池摄

图 5-18　门廊顶部的藻井　图片来源：芦兴池摄

图 5-19a　精雕细琢的立柱　图片来源：芦兴池摄

图 5-19b　柱身上的细部装饰　图片来源：芦兴池摄

图 5-19c　柱身上的细部装饰　图片来源：芦兴池摄

图 5-20a　斋沙默尔耆那教寺庙主厅藻井　图片来源：芦兴池摄

图 5-20b　维玛拉庙前厅藻井　图片来源：由当地寺庙提供的图片资料

图 5-20c　月神庙前厅藻井　图片来源：由当地寺庙提供的图片资料

图 5-20d　阿迪那塔庙前厅藻井　图片来源：芦兴池摄

图 5-21　遍布雕刻的圣坛　图片来源：芦兴池摄

图 5-22　圣室外壁的细部装饰　图片来源：芦兴池摄

图 5-23　圣室的门框　图片来源：芦兴池摄

### 第六章　耆那教建筑精选实例

图 6-1　印度现存耆那教重要古迹分布图　底图来源：《印度地图册》（中国地图出版社，2015）

图 6-2　乌代吉里石窟全景　图片来源：汪永平摄

图 6-3　乌代吉里石窟上山坡道　图片来源：汪永平摄

图 6-4　肯德吉里石窟与山顶寺庙　图片来源：汪永平摄

图 6-5　山顶蓄水池　图片来源：汪永平摄

图 6-6　乌代吉里石窟第一窟（公元前 1 世纪开凿）　图片来源：汪永平摄

图 6-7　乌代吉里石窟第十窟（公元前 1 世纪开凿）　图片来源：汪永平摄

图 6-8　乌代吉里石窟第九窟（公元前 1 世纪开凿）　图片来源：汪永平摄

图 6-9　乌代吉里石窟第十二窟（公元前 1 世纪开凿）　图片来源：汪永平摄

图 6-10　乌代吉里石窟山顶祭坛（公元前 2 世纪建造）　图片来源：汪永平摄

图 6-11　乌代吉里石窟有历史铭文的第十四窟　图片来源：汪永平摄

图 6-12　乌代吉里石窟第二窟　图片来源：汪永平摄

图 6-13　乌代吉里石窟第三窟　图片来源：汪永平摄

图 6-14　乌代吉里石窟第五窟　图片来源：汪永平摄

图 6-15　乌代吉里石窟第六窟　图片来源：汪永平摄

图 6-16　乌代吉里石窟第七窟　图片来源：汪永平摄

图 6-17　乌代吉里石窟第八窟　图片来源：汪永平摄

图 6-18　乌代吉里石窟第十一窟　图片来源：汪永平摄

图 6-19　乌代吉里石窟十三窟及周边小洞窟　图片来源：汪永平摄

图 6-20　肯德吉里石窟第二窟（公元前 1 世纪开凿）　图片来源：汪永平摄

图 6-21　肯德吉里石窟第三窟　图片来源：汪永平摄

图 6-22　肯德吉里石窟第四窟　图片来源：汪永平摄

图 6-23　肯德吉里石窟第五窟　图片来源：汪永平摄

图 6-24　瓜廖尔石窟群路南石窟　图片来源：汪永平摄

图 6-25　瓜廖尔石窟群路北石窟　图片来源：汪永平摄

图 6-26　巴达米石窟第四窟　图片来源：汪永平摄

图 6-27　埃洛拉石窟群第三十二窟室外　图片来源：汪永平摄

图 6-28　埃洛拉石窟群第三十二窟室内　图片来源：汪永平摄

图 6-29　埃洛拉石窟群第三十二窟雕刻　图片来源：汪永平摄

图 6-30　埃洛拉石窟群第三十二窟彩绘　图片来源：汪永平摄

图 6-31　埃洛拉石窟群第三十三窟室外　图片来源：汪永平摄

图 6-32　埃洛拉石窟群第三十三窟室内　图片来源：汪永平摄

图 6-33　埃洛拉石窟群第三十三窟柱廊　图片来源：汪永平摄

图 6-34　埃洛拉石窟群第三十三窟雕像　图片来源：汪永平摄

图 6-35　埃洛拉石窟群第三十三窟彩绘遗迹　图片来源：汪永平摄

图 6-36　克久拉霍东部寺庙建筑群　图片来源：汪永平摄

图 6-37　帕莎瓦那塔庙　图片来源：汪永平摄

图 6-38　阿迪那塔庙　图片来源：汪永平摄

图 6-39　斋沙默尔耆那教寺庙群寺庙入口及外观　图片来源：汪永平摄

图 6-40　斋沙默尔耆那教寺庙群寺庙柱厅　图片来源：汪永平摄

图 6-41　斋沙默尔耆那教寺庙群寺庙回廊　图片来源：汪永平摄

图 6-42　斋沙默尔耆那教寺庙群寺庙圣室　图片来源：汪永平摄

图 6-43　斋沙默尔耆那教寺庙群寺庙柱身雕刻　图片来源：汪永平摄

图 6-44　斋沙默尔耆那教寺庙群寺庙雕像　图片来源：汪永平摄

图 6-45　斋沙默尔耆那教寺庙群寺庙藻井　图片来源：汪永平摄

图 6-46　斋沙默尔耆那教寺庙群寺庙窗户装饰　图片来源：汪永平摄

图 6-47　斋沙默尔耆那教寺庙群寺庙外壁雕刻　图片来源：汪永平摄

图 6-48　斋沙默尔耆那教寺庙群寺庙祖师雕像　图片来源：汪永平摄

图 6-49　斋沙默尔耆那教寺庙群寺庙细部　图片来源：汪永平摄

图 6-50　斋沙默尔耆那教寺庙群寺庙其他　图片来源：汪永平摄

图 6-51　拉那普尔阿迪那塔庙外观　图片来源：汪永平摄

图 6-52　拉那普尔阿迪那塔庙柱厅和柱厅细部　图片来源：汪永平摄

图 6-53　拉那普尔阿迪那塔庙藻井　图片来源：汪永平摄

图 6-54　拉那普尔阿迪那塔庙内廊　图片来源：汪永平摄

图 6-55　拉那普尔阿迪那塔庙内院　图片来源：汪永平摄

图 6-56　拉那普尔阿迪那塔庙柱身雕刻　图片来源：汪永平摄

图 6-57　拉那普尔阿迪那塔庙门饰　图片来源：汪永平摄

图 6-58　拉那普尔阿迪那塔庙雕刻　图片来源：汪永平摄

图 6-59　萨图嘉亚寺庙城　图片来源：汪永平摄

图 6-60　名誉之塔　图片来源：汪永平摄

图 6-61　克九拉霍耆那教博物馆　图片来源：汪永平摄

# 参考文献

### 中文专著

[1] 玄奘 . 大唐西域记 [M]. 北京：中华书局，2012.

[2] 王镛 . 印度美术史话 [M]. 北京：人民美术出版社，2004.

[3] 汤用彤 . 印度哲学史略 [M]. 上海：上海古籍出版社，2005.

[4] 邹德侬，戴路 . 印度现代建筑 [M]. 郑州：河南科学技术出版社，2002.

[5] 谢小英 . 神灵的故事——东南亚宗教建筑 [M]. 南京：东南大学出版社，2008.

[6] 王其钧 . 璀璨的宝石——印度美术 [M]. 重庆：重庆出版社，2010.

[7] 王树英 . 宗教与印度社会 [M]. 北京：人民出版社，2009.

[8] 郑殿臣 . 东方神话传说：佛教、耆那教与斯里兰卡、尼泊尔神话传说（第五卷）[M]. 北京：北京大学出版社，1999.

### 外文专著：

[1] Natubhai Shah, Jainism.The World of Conquerors［M］. Brighton and Portland: Sussex Academic Press，1998.

[2] Marilia Albanese. Architecture In India[M]. New Delhi：OM Book Service，2000.

[3] Satish Grover. Masterpieces of Traditional Indian Architecture[M]. New Delhi：Roli Books Pvt Ltd，2008.

[4] Michell, George. Architecture and Art of Southern India [M]. Cambridge：Cambridge University Press，2008.

[5] Takeo Kamiya. Architecture of the Indian Subcontitent [M]. Tokyo：Toto Shuppan Press，1996.

[6] Pratapaditya Pal. Jain Art From India[M]. Hong Kong：Global Interprint Press，1994.

### 外文译著

[1] [ 美 ] 罗兹·墨菲 . 亚洲史 [M]. 黄磷，译 . 北京：人民出版社，2004.

[2] [ 印 ] 僧伽厉悦 . 周末读完印度史 [M]. 李燕，张曜，译 . 上海：上海交通大学出版社，2009.

[3] [ 英 ] 迈克尔·伍德 . 追寻文明的起源 [M]. 刘耀辉，译 . 浙江：浙江大学出版社，

2011.

[4][印]A.L.巴沙姆.印度文化史[M].闵光沛，等，译.北京：商务印书馆，1997.

[5][意大利]玛瑞里娅·阿巴尼斯.古印度——从起源至13世纪[M].刘青，张洁，陈西帆，等，译.北京：中国水利水电出版社，2005.

[6][印]尼赫鲁.印度的发现[M].齐文，译.北京：世界知识出版社，1956

[7][英]查尔斯·埃利奥特.印度教与佛教史纲[M].李荣熙，译.北京：商务印书馆，1991.

[8][英]丹·克鲁克香克.弗莱彻建筑史[M].郑时龄，支文军，卢永毅，等，译.北京：知识产权出版社，2011.


**学位论文与期刊**

[1]许静.印度耆那教发展的原因探析[J].贵州师范大学学报，2013（10）：41-45.

[2]杨仁德.耆那教的重要人物[J].南亚研究季刊，1986（07）：84-86.

[3]杨仁德.耆那教若干问题浅探[J].四川大学学报，1986（08）：45-49.

[4]宫静.耆那教的教义、历史与现状[J].南亚研究，1987（10）：40-44.

[5]孙明良.耆那教[J].世界宗教文化，2000（06）：45-48.

[6]巫白慧.耆那教的逻辑思想[J].南亚研究，1984（07）：01-11.

[7]单军.新"天竺取经"——印度古代建筑的理念与形式[J].世界建筑，1999（08）：20-27.

[8]沈亚军.印度教神庙建筑研究[D]:[硕士论文].南京：南京工业大学，2013.

[9]徐燕.印度佛教建筑探源[D]:[硕士论文].南京：南京工业大学，2014.


**网络资源**

[1]维基百科[EB/OL].http://en.wikipedia.org/

[2]维基媒体[EB/OL].http://commons.wikimedia.org/

[3]百度百科[EB/OL].http://baike.baidu.com/

[4]百度搜索[EB/OL].http://www.baidu.com/

[5]谷歌搜索[EB/OL].http://www.google.com.hk/

**图书在版编目（CIP）数据**

耆那教寺庙建筑 / 汪永平，芦兴池著 . -- 南京：
东南大学出版社，2017.5
（喜马拉雅城市与建筑文化遗产丛书 / 汪永平主编）
ISBN 978-7-5641-6697-7

Ⅰ. ①耆… Ⅱ. ①汪… ②芦… Ⅲ. ①耆那教-寺庙
-建筑艺术-印度 Ⅳ. ① TU-098.3

中国版本图书馆 CIP 数据核字（2016）第 197531 号

书　　　名：耆那教寺庙建筑
责任编辑：戴　丽　魏晓平
装帧方案：王少陵
责任印制：周荣虎
出版发行：东南大学出版社
社　　　址：南京市四牌楼 2 号
邮　　　编：210096
出 版 人：江建中
网　　　址：http://www.seupress.com
电子邮箱：press@seupress.com
印　　　刷：深圳市精彩印联合印务有限公司
经　　　销：全国各地新华书店
开　　　本：700mm×1000mm　　1/16
印　　　张：15.5
字　　　数：287 千字
版　　　次：2017 年 5 月第 1 版
印　　　次：2017 年 9 月第 2 次印刷
书　　　号：ISBN 978-7-5641-6697-7
定　　　价：89.00 元

若有印装质量问题，请与营销部联系。电话：025-83791830